essentials

essentials liefern aktuelles Wissen in konzentrierter Form. Die Essenz dessen, worauf es als „State-of-the-Art" in der gegenwärtigen Fachdiskussion oder in der Praxis ankommt. *essentials* informieren schnell, unkompliziert und verständlich

- als Einführung in ein aktuelles Thema aus Ihrem Fachgebiet
- als Einstieg in ein für Sie noch unbekanntes Themenfeld
- als Einblick, um zum Thema mitreden zu können

Die Bücher in elektronischer und gedruckter Form bringen das Expertenwissen von Springer-Fachautoren kompakt zur Darstellung. Sie sind besonders für die Nutzung als eBook auf Tablet-PCs, eBook-Readern und Smartphones geeignet. *essentials:* Wissensbausteine aus den Wirtschafts-, Sozial- und Geisteswissenschaften, aus Technik und Naturwissenschaften sowie aus Medizin, Psychologie und Gesundheitsberufen. Von renommierten Autoren aller Springer-Verlagsmarken.

Weitere Bände in der Reihe http://www.springer.com/series/13088

Hendrik Hunold

Der Ingenieurvertrag

Schnelleinstieg für Architekten und
Bauingenieure

Hendrik Hunold
München, Deutschland

ISSN 2197-6708 ISSN 2197-6716 (electronic)
essentials
ISBN 978-3-658-22701-2 ISBN 978-3-658-22702-9 (eBook)
https://doi.org/10.1007/978-3-658-22702-9

Die Deutsche Nationalbibliothek verzeichnet diese Publikation in der Deutschen Nationalbibliografie; detaillierte bibliografische Daten sind im Internet über http://dnb.d-nb.de abrufbar.

Springer Vieweg

Gedruckt auf säurefreiem und chlorfrei gebleichtem Papier

Springer Vieweg ist ein Imprint der eingetragenen Gesellschaft Springer Fachmedien Wiesbaden GmbH und ist ein Teil von Springer Nature
Die Anschrift der Gesellschaft ist: Abraham-Lincoln-Str. 46, 65189 Wiesbaden, Germany

Was Sie in diesem *essential* finden können

- Eine Einführung in die wesentlichen Grundlagen des Ingenieurrechts
- Gestaltungshinweise und Beispiele für die Abfassung von typischen Klauseln in Ingenieurverträgen
- Praxistipps zum Umgang mit im Ingenieuralltag auftretenden rechtlichen Fragestellungen
- Kurze und prägnante Fallbeispiele
- Aktuelle und höchstrichterliche Rechtsprechung zum Thema Ingenieurrecht
- Vollständige Berücksichtigung der „BGB-Baurechtsreform" zum 01.01.2018

Inhaltsverzeichnis

Dieses *essential* beschäftigt sich mit den in einem Ingenieurvertrag regelmäßig anzutreffenden Regelungen. Den Ausführungen zu den (einzelnen) Regelungen in einem Ingenieurvertrag in Kap. 4 werden allgemeine, grundsätzlich auf alle Vertragstypen passende Hinweise (z. B. braucht man einen Anwalt, Grenzen der Vertragsgestaltung) vorangestellt.

Dieses *essential* baut zum einem auf dem *essential* „Der Architektenvertrag" auf. Zum anderen legt es den Schwerpunkt auf die Ingenieurpraxis. So sind z. B. immer wiederkehrende Themen des Ingenieuralltags von Bauvorhaben aller Größe eingeflossen und besonders berücksichtigt (z. B. Bauzeit, Kostenobergrenze, Abgrenzung Grund- oder besondere Leistungen, Mieter- oder Käufersonderwünsche).

An dieser Stelle gilt ein großer Dank alle jenen, die sich neben ihrem beruflichen Alltag die Zeit genommen haben, einen – wesentlichen – Beitrag zu diesem *essential* zu leisten.[1]

1.1 Umgang mit diesem *essential*

Das Kap. 4 zu den Vertragsinhalten orientiert sich an dem typischen Aufbau des Ingenieurvertrags, beginnend mit seiner Überschrift, gefolgt von den Vertragsparteien etc., endend mit den Schlussbestimmungen und der Unterschrift.

Für das Verständnis wichtige Dinge sind mit einem „•" gekennzeichnet. Dinge, die bei der Gestaltung von einzelnen Vertragsklauseln zu beachten sind, sind mit einem „–" markiert und Formulierungsvorschläge *kursiv* dargestellt.

---

[1] Vor allem Euch, lieber Sigi, lieber Holger, herzlichen Dank!

© Springer Fachmedien Wiesbaden GmbH, ein Teil von Springer Nature 2018
H. Hunold, *Der Ingenieurvertrag,* essentials,
https://doi.org/10.1007/978-3-658-22702-9_1

▶ Das Studium dieses *essentials* ersetzt nicht die Einschaltung eines Anwalts für die Vertragsgestaltung oder die Überprüfung von Formulierungsvorschlägen, die sie in diesem Buch finden. Dies ist dem Umstand geschuldet, dass die Rechtsprechung und Gesetzgebung – welche die Grundlage vielfacher Formulierungsvorschläge darstellen – einem stetigen und schnellen Wandel ausgesetzt sind. Dieses Buch kann Ihnen daher nur einen grundsätzlichen Leitfaden an die Hand geben, einen dauerhaft rechtssicheren Ingenieurvertrag liefern kann es nicht.

Auch kann und wird Ihnen dieses *essential* nicht den vollständigen und umfassenden Ingenieurvertrag liefern. Den perfekten Ingenieurvertrag wird es nicht geben: Ingenieurverträge sind auf eine lange Dauer angelegt, alle Entwicklungen können daher nicht im Vorhinein erkannt werden (s. Eschenbruch 2017a, 284).

Sie finden in diesem *essential* außerdem keine detaillierten Ausführungen zur Honorarordnung für Architekten und Ingenieure (HOAI). Auf die HOAI wird nur insoweit eingegangen, als es für das Verständnis der Struktur und des rechtlichen Systems des Ingenieurvertrages notwendig ist. Allerdings bildet dies bereits zentrale Dinge der HOAI und der Honorarberechnung ab, die jeder Ingenieur wissen muss; wenig ist das nicht. Für alles, was Sie darüber hinaus wissen möchten, werfen Sie einen Blick in die im Literaturverzeichnis genannten Bücher.

1.2   Der Begriff des „Ingenieurvertrags"

Das Bürgerliche Gesetzbuch (BGB) kannte bisher den Begriff des Ingenieurvertrages nicht und sah auch keine besonderen Regelungen für ihn vor. „Bisher" deshalb, da zum 01.01.2018 das „Gesetz zur Reform des Bauvertragsrechts und zur Änderung der kaufrechtlichen Mängelhaftung" in Kraft getreten ist. Das BGB enthält nun einen eigenen Untertitel für den Architekten- und Ingenieurvertrag, und zwar in den §§ 650 p bis 650 t BGB (Deutscher Bundestag 2016).

Dort lautet es in § 650 p Abs. 1:

Durch einen Architekten- oder Ingenieurvertrag wird der Unternehmer verpflichtet, die Leistungen zu erbringen, die nach dem jeweiligen Stand der Planung und Ausführung des Bauwerks oder der Außenanlage erforderlich sind, um die zwischen den Parteien vereinbarten Planungs- und Überwachungsziele zu erreichen.

Damit wird die bisherige Rechtsprechung[2] bestätigt, dass Architekten- und Ingenieurverträge grundsätzlich als Werkverträge einzustufen sind (Kniffka 2017b, § 650 p, Rz. 1). Detaillierte Ausführungen hierzu finden Sie unter Ziffer 4.2. „Die Überschrift – Charakter des Vertrages".

Zudem enthält die HOAI grundsätzlich keine Regelungen zum Ingenieurvertrag, also vom Ingenieur vertragsrechtlich zu beachtender Vorgaben. Sie enthält nur Regelungen zum Honorar; mehr nicht; ist also reines Preisrecht. Hintergrund ist, dass die gesetzliche Ermächtigung, die zum Erlass der HOAI berechtigt, sich nur darauf beschränkt. Vertragsrechtliche Regelungen kann die HOAI grundsätzlich nicht rechtskräftig treffen. Ihr Erlass ist nicht durch die gesetzliche Ermächtigung gedeckt[3] und – vereinfacht gesagt –, kann eine Verordnung als eine gegenüber dem BGB in der Hierarchie niedere Norm grundsätzlich nicht vorschreiben, wie der Ingenieurvertrag zu regeln ist („Ober sticht Unter").

Vereinzelt enthält die HOAI indes doch Regelungen, welche die vertragsrechtlichen Inhalte des Ingenieurvertrags betreffen (z. B. § 3 Abs. 4, § 15 Abs. 1), die dann doch wieder zu beachten sind. Dies gilt vor allem für die Vorschrift zu Zahlungen in § 15 HOAI[4]; hingegen nicht für § 3 Abs. 4 HOAI.

Letztendlich dürfte das Vorliegen eines Ingenieurvertrages nicht davon abhängen, dass der Ingenieur eine entsprechende fachliche Qualifikation oder z. B. in einer Ingenieurkammer eingetragen ist. Die Einordnung als Ingenieurvertrag erfolgt rein leistungsbezogen; eine entsprechende Qualifikation ist daher nicht notwendig (Dammert et al. 2017, § 4, Rz. 15).

---

[2]Z. B. BGH, Urteil 10.07.2014, VII ZR 55/13.

[3]BGH, Urteil 24.04.2014, VII ZR 164/13, ausdrücklich zum Baukostenvereinbarungsmodell des § 6 Abs. 2 HOAI 2009.

[4]Für juristisch Interessierte, warum dies bei § 15 und bei § 4 Abs. 3 HOAI nicht so ist: Locher/Koeble/Frik, 2017, § 15, Rz. 8 und § 4, Rz. 24.

Vorteilhafte Verträge und Konfliktvermeidung

2

Machen Sie sich klar, dass auch der beste Ingenieurvertrag eine spätere gerichtliche Auseinandersetzung nicht ausschließen kann. Wenn Sie nun auf den Gedanken kommen, man benötige daher für die Gestaltung und Verhandlung eines Ingenieurvertrags keinen Anwalt, liegen Sie falsch. Je früher der Anwalt eingeschaltet wird, desto eher kann er mögliche Konfliktherde von vornherein ausschalten. Dies bietet sich vor allem bei Großbau- oder gebäudetechnisch anspruchsvollen Projekten an. Denn in der Praxis sind vielfach Widersprüche, Lücken oder Unklarheiten des Vertrags zwischen Auftraggeber und Ingenieur Auslöser von langen und teuren Streitigkeiten.

Ja, Anwälte sind mitunter teuer. Das sollte Sie jedoch nicht von der betriebswirtschaftlichen Überlegung abhalten, ob die Investition in einen Anwalt nicht genauso wichtig sein kann, wie die Investition z. B. in einen neuen Rechner oder Plotter. Denn die praktische und vor allem gerichtliche Erfahrung zeigt, dass die frühzeitige Einholung von Rechtsrat in der Regel Fehler in einem so großen Umfang vermeidet, dass der Anwalt sein Geld wert ist.

© Springer Fachmedien Wiesbaden GmbH, ein Teil von Springer Nature 2018
H. Hunold, *Der Ingenieurvertrag,* essentials,
https://doi.org/10.1007/978-3-658-22702-9_2

Grenzen der Vertragsgestaltung 3

Im deutschen Recht und damit auch für den Ingenieurvertrag gilt der Grundsatz der Privatautonomie. Danach können der Ingenieur und sein Auftraggeber den Inhalt ihres (Ingenieur-) Vertrags grundsätzlich frei und ohne inhaltliche Vorgaben gestalten.

Grenzen sind allein die geltenden Gesetze. Werden diese überschritten, führt dies entweder zur Unwirksamkeit der betroffenen Regelungen oder des gesamten Vertrages.

Die folgenden Ausführungen zeigen die Grundzüge sowie die in der Praxis regelmäßig anzutreffenden Fälle auf.

3.1 Unwirksamkeit einzelner Regelungen

Die Unwirksamkeit einzelner Regelungen kann sich dadurch ergeben, dass sie als sog. Allgemeine Geschäftsbedingungen einzustufen sind. Ist dies der Fall, unterliegen sie einer inhaltlichen Kontrolle auf ihr Wirksamkeit hin nach den §§ 305 ff. BGB.

3.1.1 Wann liegen Allgemeine Geschäftsbedingungen vor?

Allgemeine Geschäftsbedingungen liegen nur vor, wenn es sich um Regelungen handelt, die für eine Vielzahl von Verträgen vorformuliert sind. Die Rechtsprechung nimmt dies an, sofern sie für eine mindestens 3-fache Verwendung

© Springer Fachmedien Wiesbaden GmbH, ein Teil von Springer Nature 2018
H. Hunold, *Der Ingenieurvertrag,* essentials,
https://doi.org/10.1007/978-3-658-22702-9_3

gedacht sind.[1] Es reicht bereits aus, wenn ihre dreimalige Verwendung auch nur beabsichtigt ist (z. B. sie liegen in der Schreibtischschublade griffbereit oder werden als Word-Dokument vorgehalten)[2]; ob dies auch tatsächlich geschieht, ist egal. Bereits beim dem ersten Verwendungsfall handelt es sich um Allgemeine Geschäftsbedingungen!

Wie man die Regelung formuliert und welche Form sie hat, ist unbeachtlich. Es spielt daher keine Rolle, ob die Regelung formal einen gesonderten Bestandteil des Vertrags darstellt oder im Vertragstext selbst enthalten ist, welchen Umfang sie hat, in welcher Schriftart sie verfasst ist und welche sonstige Form sie aufweist. Allgemeine Geschäftsbedingungen können selbst dann vorliegen, wenn sie optisch den Eindruck einer individuellen Gestaltung erwecken!

Beispiel

Der Ingenieur führt mit dem Auftraggeber Vertragsverhandlungen. Das Ergebnis wird in einem handschriftlichen Verhandlungsprotokoll festgehalten. Dieses enthält für den Ingenieur belastende Regelungen, welche der Auftraggeber regelmäßig verwendet.

Als der Ingenieur sich darauf beruft, die Regelungen seien unwirksam, weißt der Auftraggeber ihn darauf hin, es lägen keine AGBs vor. Die Regelungen seien persönlich verhandelt und am Tisch gemeinsam inhaltlich entwickelt worden.

Die Auffassung des Auftraggebers ist falsch!

Eine besondere Konstellation liegt vor, wenn der Ingenieur von einem privaten Auftraggeber einen Vertragsentwurf vorgelegt bekommt (z. B. zur Planung eines Mehr- oder Einfamilienhauses). Auch in solchen Fällen können Allgemeine Geschäftsbedingungen vorliegen. Dies kommt vor allem infrage, wenn der private Auftraggeber sich z. B. eines von einem Rechtsanwalt vorformulierten Vertrages oder eines Vertragsformulars aus dem Internet bedient.[3] Das ändert sich auch grundsätzlich nicht dadurch, dass der private Auftraggeber den Vertragsentwurf nur einmal verwenden möchte.[4] Denn das Gesetz geht davon aus, dass der Verwender – hier der private Auftraggeber – nicht mit demjenigen identisch sein muss, der die Regelungen entworfen hat.

---

[1]BGH, Urteil vom 12.11.2003, VII ZR 31/03.

[2]BGH, Urteil vom 27.09.2001, VII ZR 388/00.

[3]z. B. BGH, Urteil vom 24.11.2005, VII ZR 87/04 für den Fall von öffentlich zugänglichen Formularen.

[4]BGH, Beschluss vom 23.06.2005, VII ZR 277/04.

Letztendlich sollte man wissen, dass derjenige, der sich auf eine unwirksame Allgemeine Geschäftsbedingung beruft, beweisen muss, dass eine solche vorliegt. Für deren Vorliegen spricht i. d. R. der erste Anschein, wenn ein Formular verwendet wurde, dass nach seiner Erscheinungsform und seiner inhaltlichen Gestaltung aller Lebenserfahrung nach für eine mehrfache Verwendung entworfen wurde.[5] Nichtsdestotrotz sollte man frühzeitig die Augen und Ohren dahin gehend offen halten, ob der Auftraggeber seine Regelungen öfter verwendet bzw. verwenden will, um ggf. später einen im Rechtstreit erforderlichen Beweis antreten zu können.

3.1.2 Unwirksamkeit nur zulasten des Verwenders

Eine Unwirksamkeit kommt allerdings nur zulasten desjenigen infrage, der die AGB verwendet hat (sog. Verwender). Bringt daher der Ingenieur für sich selbst nachteilige Regelungen ein, helfen ihm die §§ 305 ff. BGB nicht. Er kann nicht geltend machen, die Regelung sei wegen Verstoß gegen die §§ 305 ff. BGB unwirksam.

Maßgeblich ist daher grundsätzlich auf welcher Seite der Ingenieur steht:

- Tritt er als Auftraggeber auf (z. B. als Generalplaner) und gibt dem von ihm beauftragten Subplaner (z. B. dem Statiker) vertragliche Regelungen vor, kann der Subplaner eine Unwirksamkeit nach §§ 305 ff. BGB geltend machen.
- Wird der Ingenieur dagegen von einem Unternehmen auf Grundlage dessen Einkaufsbedingungen oder durch einen Generalplaner mit der Planung eines Speziallabors betraut, kann er eine Unwirksamkeit ins Feld führen.

Es ist jedoch immer eine Einzelfallbetrachtung notwendig. So kann es sein, dass einzelne Klauseln entgegen diesem Grundsatz im Rahmen der Vertragsverhandlungen gerade von der anderen Seite in den Vertrag eingebracht werden:

Beispiel

Der Generalplaner formuliert – entgegen der gesetzlichen Vorgabe von 5 Jahren – eine 2-jährige Gewährleistungsfrist in den Vertrag mit seinem TGA-Planer. Diese Regelung ist für den TGA-Planer günstig. Der Generalplaner kann sich nicht auf dessen Unwirksamkeit berufen. Anders hingegen, wenn der Vorschlag vom TGA-Planer gekommen wäre.

---

[5]BGH, Urteil vom 20.03.2014, Az.: VII ZR 248/13.

3.1.3 Unwirksamkeitsgründe

Grundsätzlicher Maßstab für die Frage, wann eine AGB unwirksam ist, ist § 307 Abs. 1 Satz 1 BGB: Danach ist eine

> Bestimmungen in Allgemeinen Geschäftsbedingungen unwirksam, wenn sie den Vertragspartner des Verwenders entgegen den Geboten von Treu und Glauben unangemessen benachteiligt.

Darüber hinaus enthalten die § 308 und § 309 BGB eine abschließende – katalogartige – Aufzählung unwirksamer Regelungen.

An diesen strengen Paragrafen sind die AGBs immer inhaltlich zu messen, und zwar in einem Rechtsstreit von Amts wegen durch das Gericht.

Da jedes Jahr viele Vertragsklauseln durch die Gerichte für unwirksam erklärt werden ist es umso wichtiger, sich Rechtsrat einzuholen (vgl. hierzu auch Kap. 2). Eine detaillierte Darstellung der Unwirksamkeitsgründe würde den Rahmen dieses Essentials sprengen. Dazu kommt die rasante Entwicklung der Rechtsprechung Die jeweiligen Erläuterungen zu den einzelnen Klauseln des Ingenieurvertrags enthalten indes dahin gehende Hinweise, sofern sie praxisrelevant sind.

3.2   Unwirksamkeit des gesamten Vertrages

Verstößt der Ingenieurvertrag gegen ein gesetzliches Verbot, ist er im Zweifel von Anfang an unwirksam (§ 134 BGB). Gleiches gilt, wenn sein Abschluss gegen die guten Sitten verstößt (§ 138 BGB; z. B. Schmiergeldabrede).

Indes kann es auch sein, dass die wesentlichen Leistungsinhalte so unzureichend deutlich, wenig konkret beschrieben sind, dass der Vertrag bereits deswegen unwirksam ist.

3.2.1   Ausreichende Bestimmbarkeit der Leistung

In vielen Ingenieurverträge wird sich nicht ausreichend Mühe gemacht, die zu erbringenden (Planungs-) Leistungen ausreichend konkret zu beschreiben (vgl. hierzu auch Kap. 4 Ziffer 5). Oft sind die Beschreibungen der Leistung zu oberflächlich oder nicht konkret genug (z. B. „Planung technische Gebäudeausrüstung Neubau Firmensitz"). Die Hauptpflichten eines jeden Vertrages müssen aber im Text selbst ausreichend bestimmt oder wenigstens nach objektiven Maßstäben bestimmbar sein. Zwar reichen regelmäßig grobe Festlegungen aus. Allerdings können sich weder der Ingenieur noch sein Auftraggeber darauf zurückziehen, sie haben die Leistungen zum Zeitpunkt des Vertragsabschlusses nicht ausreichend konkret fassen können, da es dem Wesen des Ingenieurvertrags entspricht, dass Planung und Kosten bei Auftragserteilung offen sind.[6] Der Ingenieur und sein Auftraggeber sollten sich daher vor Vertragsabschluss Gedanken machen, wie die Ingenieurleistungen zu beschreiben sind und die in den Vertrag einfließen lassen.

Die fehlende Bestimmbarkeit kann rechtliche Relevanz bekommen, sofern z. B. ab der Vorplanung nicht klar ist, welche Leistungen für welche Objekte erbracht werden müssen (z. B. bei Sanierungen).[7]

Die Rechtsprechung lässt solche unzureichenden Beschreibungen nur gelten, wenn zumindest die Auslegung des Vertrages ergibt, dass dem Auftraggeber das Recht eingeräumt ist, die Leistungen einseitig festlegen zu können. Ob man daher vorsorglich in jeden Ingenieurvertrag z. B. aufnimmt:

> ▸ Im Zweifel ist der Auftraggeber berechtigt, die zu erbringenden Leistungen nach § 315 BGB zu bestimmen.

dürfte aus Sicht der jeweiligen Parteistellung zu beantworten sein. Steht man auf Auftraggeberseite ist eine solche Regelung eher zu empfehlen, als auf Auftragnehmerseite.

3.2.2 Schwarzgeld-Abreden

Ein Verstoß gegen ein gesetzliches Verbot liegt vor allem bei sog. „Schwarzgeld-" oder „Ohne-Rechnung-Abreden" vor. Folge der Vertragsunwirksamkeit ist neben dem Verlust der Gewährleistungsansprüche des AG auch, dass der Ingenieur sein Honorar nicht mehr verlangen kann; dies gilt auch, sofern die Abrede nachträglich getroffen wird.[8]

Vor diesen Abreden muss daher dringend gewarnt werden!

---

[6]BGH, Urteil vom 08.02.1996, VII ZR 219/94.
[7]BGH, Urteil vom 23.04.2015 – VII ZR 131/13.
[8]BGH, Urteil vom 16.03.2017, VII ZR 197/16; OLG Stuttgart, Urteil vom 10.11.2015, 10 U 14/15.

3.2.3 Koppelungsverbot

Einen für den Ingenieurvertrag besonderen Fall regelt das sog. „Koppelungsverbot" in § 3 des Ingenieur- und Architektenleistungengesetzes (IngALG).
Danach ist der gesamte Ingenieurvertrag unwirksam, sofern sich

> der Erwerber eines Grundstücks im Zusammenhang mit dem Erwerb verpflichtet,
> bei der Planung oder Ausführung eines Bauwerks auf dem Grundstück die Leistun-
> gen eines bestimmten Ingenieurs oder Architekten in Anspruch zu nehmen.

Gegen diese Regelung wurde insbesondere vonseiten der Ingenieure eingewandt,
sie beschränke sie in ihrer Berufsausübung, da sie ihnen weitere mitunter gewinn-
bringende Geschäfte verbiete; sie verstoße daher gegen Art. 12 des Grundgesetzes
und sei unwirksam. Dem ist aber nicht so: Ein mit ihr verbundener Eingriff in die
Berufsfreiheit des Ingenieurs (Art. 12 GG) ist gerechtfertigt. Sinn und Zweck der
Regelung ist es, die freie Wahl des Ingenieurs durch den Bauwilligen allein nach
Leistungskriterien zu ermöglichen, das Berufsbild des Ingenieurs zu schützen
sowie den Wettbewerb unter den Ingenieuren zu fördern.[9]

Das Koppelungsverbot ist daher auch weit auszulegen. Es erfasst sogar Vereinbarungen zwischen dem Ingenieur und dem Erwerber, die nur „im Zusammenhang mit dem Erwerb" stehen.[10]

Zwar kann ein Honoraranspruch bestehen, wenn die Planungsleistungen ver-
wertet werden; zwingend ist dies jedoch nicht. [11] Nicht nur deshalb, sondern auch
wegen der großzügigen Auslegung des Koppelungsverbots, ist auch hier Vorsicht
geboten.

---

[9]BGH, Urteil vom 22.07.2010, VII ZR 144/09.
[10]LG Nürnberg-Fürth, Urteil vom 15.07.2015, 12 O 5884/14.
[11]BGH, Urteil vom 23.06.1994, VII ZR 167/93.

3.3   Zusammenfassende Übersicht

Abb. 3.1 fasst die Gründe, die zu einer Unwirksamkeit des Ingenieurvertrags führen können, nochmals zusammen.

Abb. 3.1   Unwirksamkeit vertraglicher Regelungen

Der Ingenieurvertrag

4

Zur Veranschaulichung der nachfolgenden Darstellungen der Regelungen in einem Ingenieurvertrag soll folgender **Ausgangsfall** dienen:

Ausgangsfall

Ingenieur A wird von Unternehmer U angefragt, ein Angebot über die Leistungsphasen 1 bis 9 für die technische Gebäudeausrüstung einer neuen Fabrik inkl. Büro- und Verwaltungsräumen abzugeben.

Zuvor hatte A dem U hierüber ein paar Informationen, Zeichnungen etc. an die Hand gegeben und die grundsätzlichen technischen Möglichkeiten (z. B. für Belüftung, Heizung) erläutert. Für erste Gespräche mit dem örtlichen Stromversorger über die Errichtung einer Trafostation hatte U sein Einverständnis erklärt.

Nachdem A dem U sein Angebot – was deutlich über den Mindestsätzen liegt und eine „Honorarberechnung auf Grundlage der §§ 53 ff. HOAI" enthält – übergeben hat, bittet U am 30.06.2018 darum, dass A „loslegen" soll, da die Zeit drängt. Bis Ende Dezember 2019 müsse die neue Fabrik vollständig in Betrieb sein. A fängt mit den Planungen an.

Drei Monate danach will U endlich mit A einen „ordentlichen" Ingenieurvertrag abschließen.

4.1 Die Form

Die Frage der Form betrifft immer die Wahl des Mediums, welches man sich für den Abschluss des Vertrages bedient (z. B. mündlich, E-Mail, Papier, Fax, notarielle Beurkundung). Wird eine vom Gesetz vorgegebene Form nicht eingehalten,

© Springer Fachmedien Wiesbaden GmbH, ein Teil von Springer Nature 2018
H. Hunold, *Der Ingenieurvertrag, essentials,*
https://doi.org/10.1007/978-3-658-22702-9_4

ist der gesamte Vertrag unwirksam. Bei einem Verstoß gegen eine vereinbarte Form ist dies im Zweifel ebenfalls so. Angesichts dieser einschneidenden Wirkung – aber auch wegen der Regelung in § 7 Abs. 1 HOAI – lohnt sich ein Blick auf die für den Ingenieurvertrag typischen Fälle:

4.1.1 Keine gesetzliche Form

Der Ingenieurvertrag unterliegt keiner gesetzlichen Form, d. h. er muss nicht zwingend schriftlich abgeschlossen werden.[1] Er kann vielmehr auch mündlich oder durch schlüssiges Verhalten (=konkludent) zustande kommen.

Es ist daher auch nicht richtig, wenn man pauschal davon ausgeht, es läge kein Ingenieurvertrag vor, weil man (noch) keinen Vertrag unterschrieben habe: Der Ingenieurvertrag kann zeitlich auch vor Unterzeichnung eines schriftlichen Ingenieurvertrages abgeschlossen worden sein; dann aber eben konkludent (z. B. durch Verwertung der Planungsleistungen[2]). Ob dies der Fall ist, ist immer anhand einer Gesamtbetrachtung der Umstände des Einzelfalls zu klären. Es gibt insbesondere keine (gesetzliche oder richterliche) Vermutung, dass selbst umfangreiche Ingenieurleistungen nur im Rahmen eines Vertrags erbracht werden.[3] Näheres zu den unter dem Stichwort „kostenlose Akquise" diskutierten Themen erfahren Sie im Kapitel „Unterschrift".[4]

Eine spätere schriftliche Fixierung wirkt dann jedenfalls dahin gehend, dass ab dem Zeitpunkt der Unterzeichnung die schriftlich fixierten Regelungen gelten sollen.[5] Ist nicht schriftlich festgelegt, was im Zeitraum vor Unterzeichnung zu gelten hat, wäre dies wiederum durch eine Auslegung der Umstände des Einzelfalls zu klären.

> ► **Tipp** Im Ausgangsfall sollte A daher darauf achten, dass der Vertrag Regelungen zu seinen Informationen, Zeichnungen und Überlegungen zur grundsätzlichen technischen Ausstattung sowie zu den Gesprächen mit dem Stromversorger enthält – das auch unter Honorargesichtspunkten.

---

[1]Dies ist auch nach der BGB-Baurechtsreform so, vgl. Bundestags-Drucksache 2016, 67.
[2]KG, Urteil vom 28.12.2010, 21 U 97/09.
[3]OLG Frankfurt, Urteil vom 07.12.2012, 10 U 183/11.
[4]Vgl. unten Abschn. 4.20.2.
[5]BGH, Urteil vom 16.03.2017, II ZR 35/14, Rz. 17.

4.1.2   Faktischer Formzwang?

Eine andere, weder mit den gesetzlichen, noch den vereinbarten Formvorschriften im Zusammenhang stehende Frage ist, ob nicht § 7 Abs. 1 HOAI faktisch dazu zwingt, den Ingenieurvertrag immer schriftlich abzuschließen. Dort heißt es:

> Das Honorar richtet sich nach der schriftlichen Vereinbarung, die die Vertragsparteien bei Auftragserteilung im Rahmen der durch diese Verordnung festgesetzten Mindest- und Höchstsätze treffen.

Um die Thematik zu verdeutlichen, vergegenwärtigen wir uns den Ausgangsfall. A's Angebot liegt deutlich über den Mindestsätzen. U bittet A daraufhin, „loszulegen". A fängt mit der Planung an.

Was passiert juristisch? Die Worte, „legen Sie los", stellt eine ausdrückliche Beauftragung des A durch den U dar. Dies bedeutet, in diesem Moment – 30.06.2018 – ist der Ingenieurvertrag mündlich zustande gekommen. Die von A zu erbringenden Planungsleistungen ließen sich dahin gehend auslegen, dass es die in seinem Angebot genannten sein sollen. Aber was ist mit dem über dem Mindestsatz liegenden Honorar? Dies kann A nicht verlangen, sondern nur den Mindestsatz (§ 7 Abs. 5 HOAI). Denn diese Vereinbarung – über das Honorar – wurde nicht schriftlich, wie es § 7 Abs. 1 HOAI verlangt, „bei" Auftragserteilung abgeschlossen, sondern kommt U auf A erst 3 Monate später zu, um eine schriftliche Fixierung – auch der Honorarvereinbarung – vorzunehmen. „Bei" Auftragserteilung, also in dem Moment, in dem U sagt „leg los" (30.06.2018) liegt maximal eine mündliche Honorarvereinbarung vor. Die Geltendmachung des den Mindestsatz überschreitenden Honoraranteils scheitert also am Nicht -Vorliegen der „schriftlichen Honorarvereinbarung" nach § 7 Abs. 1 HOAI. Eine spätere schriftliche Vereinbarung des Honorars behebt/korrigiert dies nicht: § 7 Abs. 1 HOAI spricht von „bei Auftragserteilung" und meint damit einen sehr engen zeitlichen Zusammenhang mit dem Abschluss des Ingenieurvertrages.[6] Zu Veranschaulichung dient Abb. 4.1.

Angesichts des insoweit wegen § 7 Abs. 1 HOAI drohenden Honorarverlustes für den Ingenieur (Zurückfallen auf den Mindestsatz) ist darauf zu achten, dass der Ingenieurvertrag zeitlich nicht vor dem Abschluss der Honorarvereinbarung liegt.

---

[6]Z. B. sind 7 Tage nach Abschluss des Architektenvertrages zu spät, OLG Düsseldorf, Urteil vom 22.07.1988, 22 U 109/88.

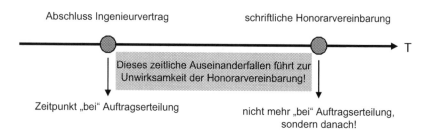

Abb. 4.1 „Mindestsatzfalle"

Anderenfalls ist die Honorarvereinbarung unwirksam mit der Folge, dass dem Ingenieur nur der Mindestsatz zusteht (§ 7 Abs. 5 HOAI).

Versuchen zu „retten" kann man dies, indem sich der Ingenieur auf den Standpunkt stellt, der vorherige Beginn der Planungstätigkeit habe allein Beschleunigungsinteressen des Auftraggebers gedient.[7] Solche Umstände können darauf hindeuten, dass ein früherer Vertragsschluss nicht erfolgt ist.[8] Funktionieren kann dies nur, wenn der Ingenieur frühzeitig entsprechende Äußerungen seines Auftraggebers dokumentiert (z. B. in E-Mails).

Ein immer wieder gehörtes Argument ist auch, dass es dem AG „nach Trau und Glauben" verwehrt sei, sich auf die fehlende Schriftform nach § 7 Abs. 1 HOAI zu berufen; man habe letztendlich auf die Einhaltung der am 30.06.2018 besprochenen Honorarvereinbarung vertraut. Aber Vorsicht: die Formvorschrift des § 7 Abs. 1 HOAI dient auch dem Schutz des Auftraggebers (Locher et al. 2017, § 7, Rz. 55) und kann man sich grds. nur darauf berufen, dass eine Vereinbarung mangels Einhaltung der Form als wirksam behandelt werden soll, soweit die Aufrechterhaltung des Ergebnisses – hier Herabfallen auf den Mindestsatz, § 7 Abs. 5 HOAI – zu „schlechthin untragbaren Ergebnissen" führt.[9] Dies ist nur in absolut eng begrenzten Ausnahmefällen so.[10]

---

[7]LG Köln, Urteil 18.02.2011, 32 O 113/09.

[8]BGH, Urteil 16.12.2004; VII ZR 16/03. Eine Begründung, warum in solchen Fällen die sehr strenge Formvorschrift des § 7 Abs. 1 HOAI durch den Willen der Parteien (das Beschleunigungsinteresse) umgangen werden kann, findet sich in dem Urteil nicht.

[9]Grundlegend: BGH, Urteil vom 27.10.1967, V ZR 153/64 („Edelmann-Fall").

[10]Zu den Voraussetzungen z. B.: OLG Düsseldorf, Urteil vom 23.11.2010, I-23 U 215/09.

4.2 Die Überschrift – Charakter des Vertrages

Oftmals beginnt der Vertrag mit der Überschrift „Ingenieurvertrag" oder zumindest spricht man von einem solchen. Aber was bedeutet dies? Der BGH hat bereits 1960 entschieden, dass jedenfalls der Architektenvertrag dem Werkvertragsrecht der §§ 631 ff. BGB unterfällt.[11] Dies gilt auch für Architektenverträge, die nur Teilleistungen (z. B. Objektüberwachung) zum Gegenstand haben.[12] Diese Rechtsprechung ist auf den Ingenieurvertrag übertragbar (Eich und Eich 2017, 4; Kniffka (2017b), § 650 p, Rz. 1), jedenfalls aber geht der Gesetzgeber mit der BGB-Baurechtsreform davon aus, dass Ingenieurverträge grundsätzlich dem Werkvertragsrecht unterfallen.[13]

Relevanz hat dies vor allem bzgl. der geschuldeten Leistung des Ingenieurs, dem Beginn und der Länge der Verjährungsfrist:

- Der Ingenieur schuldet die Herstellung des versprochenen Werks (§ 631 Abs. 1 BGB). Damit ist ein Erfolg im Sinn des Erreichens der ausdrücklich vereinbarten, der nach dem Vertrag vorausgesetzten, jedenfalls der üblicherweise bei Ingenieurleistungen zu erwartenden Ziele gemeint (§ 633 BGB). Der BGH drückt dies für den Architektenvertrag so aus, dass die Leistungen des Architekten den „von den Vertragsparteien verfolgten Zweck" erreichen müssen; dazu gehört auch, dass die Planung die vereinbarte oder nach dem Vertrag vorausgesetzte Funktion erfüllt.[14] Das gilt ferner dann, wenn explizit eine bestimmte Leistung, wie z. B. ein Planungsdetail, vereinbart ist.[15]
- Und was ist das „Werk", was letztendlich funktionieren muss? Es ist nicht das Bauwerk als solches, sondern die Planung. Planung bedeutet geistige Arbeit, etwas gedanklich vorwegnehmen, was sich aus vielen Einzelleistungen zusammensetzen kann. Der Ingenieur muss also eine einwandfreie Planung erbringen, die so geschaffen ist, dass mit ihrer Hilfe ein mangelfreies Bauwerk entstehen kann.

---

[11]Urteil 26.11.1959, VII ZR 120/58.

[12]BGH, Urteil 22.10.1981, VI ZR 310/79.

[13]Deutscher Bundestag (2016), 66. Anders Kraushaar und Zimmermann 2017, 19, wonach der Gesetzgeber den Architekten- und Ingenieurvertrag als einen eigenständigen, „werkvertragsähnlichen Vertrag" sieht. Dieser Unterschied dürfte aber eher theoretischer Natur sein.

[14]BGH, Urteil 20.12.2012, VII ZR 209/11.

[15]BGH, Urteil 29.09.2011, VII ZR 87/11.

- Hieran wird sich durch den neuen § 650 p BGB nichts ändern.[16] Dieser enthält zwar eine Regelung zu den vertragstypischen Pflichten aus Architekten- und Ingenieurverträgen. Bei ihr handelt es sich jedoch nur um eine Ergänzung des allgemeinen Grundsatzes des § 631 BGB, wonach ein Erfolg geschuldet ist (Fuchs, 2015).

- Im Werkvertragsrecht gilt eine 5-jährige Gewährleistungsfrist für Mängel (§ 634 a Abs. 1 Nr. 2 BGB), die erst mit der Abnahme der Ingenieurleistung zu laufen beginnt (§ 634 a Abs. 2 BGB).

Das Werkvertragsrecht gilt aber nicht ausnahmslos. Eine Auslegung des Vertrages kann ergeben, dass Dienstvertragsrecht (§§ 611 ff. BGB) gilt. Ist dies der Fall, schuldet der Ingenieur nur ein „Tätigwerden" und dies bloß> so „gut er kann". Dies bedeutet vor allem, dass die Haftung des Ingenieurs stark gegenüber der werkvertraglichen Erfolgshaftung eingeschränkt sein kann. Angenommen wurde dies beispielsweise für den Fall, dass der Ingenieur mit Beratungs-, Informations- und Koordinationsleistungen betraut war.[17] Nicht mehr angenommen werden kann dies aber, wenn der Ingenieur mit der kontinuierlichen Kontrolle der Bauleistungen auf Übereinstimmung mit den Plänen, der ausgeschriebenen Qualitäten und den vereinbarten Terminen sowie mit der fachkundige Beratung des Bauherrn bei den verschiedenen Abnahmen des Bauwerks betraut wird; dann liegt ein Werkvertrag vor.[18]

> **Tipp** Sofern der Ingenieur nur beratend oder koordinierend tätig wird, sollte eindeutig im Vertrag festgehalten sein, auf welcher Basis – also Werk- oder Dienstvertragsrecht – dies geschieht.
>
> Besondere Bedeutung erlangt diese Festlegung, wenn die beratenden/koordinierenden Leistungen nur Teil eines umfassenderen Vertrages sind. Denn Werkvertragsrecht kann auf diese beratenden/ koordinierenden Teil-Leistungen anzuwenden sein, sofern die anderen erfolgsorientierten Aufgaben dermaßen überwiegen, dass sie den Vertrag prägen.[19] Die eigentlich dem Dienstvertragsrecht unterfallenden Teil-Leistungen werden dann – mangels Klarstellung, dass für sie Dienstvertragsrecht gelten soll – von den werkvertraglichen Vertragsteilen „infiziert".

---

[16]Vgl. hierzu unten Abschn. 4.7.4.
[17]OLG Düsseldorf, Urteil 01.10.1998, 5 U 182/97.
[18]OLG Jena, Urteil 07.05.2014, 2 U 70/13.
[19]BGH, Urteil 10.06.1999, VII ZR 215/98.

4.3   Die Parteien

Der Überschrift folgt regelmäßig die Bezeichnung der am Vertrag Beteiligten, der Parteien. Bei Werkverträgen wird der Ingenieur in der Gesetzessprache „Unternehmer" genannt, für den Auftraggeber verwendet das Gesetz den Begriff „Besteller". Gegen die Wahl der Begriffe „Auftragnehmer" oder „Ingenieur" ist ebenso wenig einzuwenden, wie gegen die Verwendung des Begriffs „Auftraggeber". Die Begrifflichkeiten sollten einheitlich[20] im Vertragstext beibehalten und zu Beginn definiert werden.

Auch die Firmenbezeichnung und die Vertretungsverhältnisse sollten vollständig und richtig sein[21], z. B.:

XYZ Planungsgesellschaft mbH, Parkallee 1, 08151 Musterstadt, vertreten durch den Geschäftsführern, Herrn Dipl. Ing. Max Mustermann

(nachfolgend: AN)

Bei Büros oder Bauherrengemeinschaften, die als Gesellschaft des bürgerlichen Rechts auftreten, ist darauf besonders zu achten, um etwaigen Problemen in einer Zwangsvollstreckung von vornherein zu begegnen. Das Gesetz geht davon aus, dass jeder der Gesellschafter vertretungsberechtigt ist. In Konsequenz sind daher grundsätzlich alle Gesellschafter zu nennen:

Planungs-GbR XYZ, Parkallee 1, 08151 Musterstadt, vertreten durch die Gesellschafter, Herrn Dipl. Ing. Max Mustermann und Herrn Dipl. Ing. Klaus Musterfrau

(nachfolgend: AN)

Hiervon wird in der Praxis vielfach durch den Gesellschaftsvertrag abgewichen (z. B. wird Einzelvertretung vereinbart). Tritt eine Vertragspartei also als Gesellschaft des bürgerlichen Rechts auf, sind die Vertretungs- und Gesellschafterverhältnisse frühzeitig zu klären. Letzteres insbesondere deswegen, da Gesellschafter einer Gesellschaft bürgerlichen Rechts für die Verbindlichkeiten der Gesellschaft (im Grundsatz also auch Gewährleistungsansprüche) ebenfalls einzustehen haben (§ 128 HGB).

---

[20]Mehrfache Begriffe, wie z. B. „AN/Auftragnehmer/Ingenieur" sind zu vermeiden.

[21]Dies auch, damit rechtliche Erklärungen egal welcher Art (z. B. Bedenkenhinweise, Kündigung) an den richtigen Adressaten versandt werden, die jeweils andere Partei.

4.4   Die Präambel

Im anglo-amerikanischen und internationalen Recht sind Präambeln weit verbreitet. Sie haben die Funktion, die Entstehung und die Motivation der Parteien
darzustellen und sollen dabei rechtlich unverbindlich sein. Man muss sich aber
bewusst sein, dass sie dennoch z. B. für die Auslegung herangezogen werden oder
die Geschäftsgrundlage des Vertrages darstellen können; damit wären sie wieder
rechtlich beachtlich. Etwaige Vorbehalte in der Präambel sind daher rechtlich
nicht wirksam. Als Konsequenz hieraus sollte

- in der Regel keine Präambel

benutzt werden. Will man dennoch eine Präambel aufnehmen, hat diese so genau
wie möglich zu sein, um einer nicht gewollten späteren (richterlichen) Vertrags-
korrektur vorzubeugen (Langenfeld, 2004, S. 91, Rz. 248).

4.5   Der Gegenstand des Vertrages

Regelmäßig unmittelbar nach den Parteien folgt im Vertrag eine Regelung zum
sog. „Vertragsgegenstand". Seine Bedeutung ist aus mehreren Gründen sehr hoch:

- Zum einen legt er fest, um welches Planungs- oder Bauvorhaben es geht.
- In diesem Zusammenhang hat der BGH mit Urteil vom 23.04.2015[22] entschieden, dass ein Architektenvertrag unwirksam sein kann, wenn nicht deutlich genug beschrieben ist, auf welche Gebäude, Bauteile, Gewerke etc. sich der
  Vertrag bezieht[23]; dies gilt in gleichem Maß für den Ingenieurvertrag. Fehlt es
  an einer hinreichend genauen Beschreibung des Vertragsinhalts, kann der Vertrag nur aufrechterhalten werden, wenn zugunsten einer der Parteien (ausdrücklich oder konkludent) ein Leistungsbestimmungsrecht bzgl. der vom Ingenieur
  zu erbringenden Leistungen vereinbart ist (Im Detail: Kap. 3 Ziffer 2.1.).

---

[22]VII ZR 131/13.

[23]Sog. „Bestimmtheitserfordernis", wonach jeder Vertrag nur wirksam ist, wenn sein Inhalt
ausreichend deutlich bestimmt oder bestimmbar ist. Der Vertrag im Fall des BGH – VII ZR
131/31 – ließ offen, welche Gebäude beplant und für welche der einzelnen Gebäude welche Arbeiten geplant sind.

- Zum anderen legt er fest, was der Inhalt des vom Ingenieur zu erbringenden Werkerfolgs ist (Kap. 4 Ziffer 4.2.) und hat damit wesentlichen Einfluss darauf, wie die „einwandfreie Planung" [24] beschaffen sein muss. Damit wird die Grenze für die Mängelhaftung des Ingenieurs bestimmt.
- Letztendlich ist mithilfe des Vertragsgegenstandes auch zu klären, welche Leistungen des Ingenieurs noch von der vertraglich vereinbarten Vergütung umfasst sind und welche nicht. Damit dient er auch dazu, Änderungsleistungen von Leistungen abzugrenzen, die noch vom vertraglich vereinbarten Honorar umfasst sind.

4.5.1 Handhabe in der Praxis

An einer frühen Stelle im Vertrag werden also wesentliche Weichen gestellt. Dennoch sind in der Praxis oft Fälle anzutreffen, in denen der Klärung und der schriftlichen Fixierung des Vertragsgegenstandes keine oder kaum Bedeutung beigemessen werden; dies ist vielfach die Ursache für (gerichtliche) Streitigkeiten.

Derartige unzureichenden Vereinbarungen sehen z. B. so aus; sie sind so oder ähnlich zwingend zu vermeiden:

Vertragsgegenstand: Neubau einer Keramikfabrik mit Büro- und Verwaltungstrakt, LP 1 bis 9 gem. §§ 53 ff. HOAI.

Sie kranken bereits an der Fehleinschätzung, dass die Planung aus abstrakt definierbaren Leistungsergebnissen besteht, wie sie in den Leistungsphasen der HOAI enthalten sind. Diese Sichtweise verleitet aber dazu, zur Beschreibung des Vertragsgegenstandes auf die Leistungsphasen der HOAI zurückzugreifen. Dies ist zu vermeiden (Eich und Eich 2017, 13); die HOAI ist grundsätzlich nur Preisrecht und nicht dazu gedacht, den Vertragsgegenstand zu bestimmen.[25]

Sie kranken weiter daran, dass der Erfolg und damit die zu erreichenden Ziele[26] nicht eindeutig beschrieben sind. Konsequenz kann sein, dass der Auftraggeber z. B. im Lauf der Baumaßnahme meint, dass bestimmte Dinge anders hätten ausgeführt werden sollen, hingegen der Ingenieur sich auf den Standpunkt

---

stellt, es wäre von Anfang an klar gewesen, dass dies so ausgeführt wird. Ursache dieser – vielfach gerichtliche Streitigkeiten auslösenden – Differenz ist, dass sich die Vorstellung der Vertragsparteien darüber, was wie hätte ausgeführt und geplant werden sollen, auseinander gehen.

Den vorgenannten Fehlern kann nur durch eine frühzeitige und offene Abklärung des Ingenieurs mit seinem Auftraggeber, welche Zwecke und Funktionen sein Bauvorhaben erfüllen soll, begegnet werden. Diese Zwecke und Funktionen sind im Ingenieurvertrag festzuhalten.

▶ **Tipp** Der Ingenieur hat ohnehin im Rahmen der Grundlagenermittlung die Wünsche, Vorstellungen und Forderungen seines Auftraggebers abzufragen. Aus „Eigenschutz" kann und sollte er diese Leistungen vorziehen und deren Ergebnisse in den Vertrag einfließen lassen.

Sind die Vorstellungen des Auftraggebers indes noch zu vage, kann er diese anhand einer Bedarfsplanung ermitteln, dessen Ergebnisse in den Ingenieurvertrag übernehmen und hierfür sogar ein Honorar verlangen: die Bedarfsplanung ist eine nach § 3 Abs. 3 Satz 3 HOAI frei zu vergütende besondere Leistung (vgl. Anlage 10 zu § 34 Abs. 4 und Anlage 15 zu § 55 Abs. 3 HOAI, dort jeweils in Leistungsphase 1).

4.5.2 Planung als dynamischer Vorgang

Die Praxis zeigt, dass die Planung als dynamischer Vorgang, an dessen Ende ein konkretes Gebäude stehen soll, häufig keinen – oder jedenfalls ausreichenden – Niederschlag im Ingenieurvertrag findet, insbesondere bei der Formulierung des Vertragsgegenstandes nicht berücksichtigt wird.

Nun könnte man meinen, dass dies Folge des Charakteristikum einer jeden Planung sei: Ein Prozess eben, dessen Erfolg und Ziel zum Zeitpunkt des Vertragsabschlusses noch nicht feststehen und daher auch keinen Eingang in ihn finden können (z. B. weiß zum Zeitpunkt des Vertragsabschlusses niemand genau, was Inhalt der Ausführungsplanung ist oder stehen gestalterische Punkte, Nutzfläche, BGF noch nicht fest).

Dieser Ansatz greift insbesondere aufgrund der Eigenschaft des Ingenieurvertrages als Werkvertrag[27] zu kurz: Nur durch eine klare und für beide Parteien

---

[27]Vgl. hierzu Abschn. 4.2.

in gleichem Maße verstandene Ausformulierung des Vertragsgegenstandes kann erkannt werden, wie die Ingenieurleistung beschaffen sein soll und geklärt werden, ob sie mangelfrei ist.

4.5.3 Planungs- und Projektziele

Üblich ist es zudem, die Ingenieurleistungen anhand von Planungs- oder Projektzielen zu definieren. Solche Vorgaben sind aus Sicht des Auftraggebers und bei Großprojekten sinnvoll.

Für den Ingenieur bergen solche Vorgaben aufgrund der Dynamik des Planungsprozesses die Schwierigkeit, dass ihre Einhaltung zum Zeitpunkt des Vertragsabschlusses nicht verlässlich vorhergesagt werden kann.

> **Tipp** Um diesen Gegensatz aufzulösen, sollte der Ingenieurvertrag bei der Formulierung der Planungs- und Projektziele einen ausgewogenen Ansatz wählen. Hierfür bietet es sich an, Planungs- und Projektziele nur dann als „Beschaffenheit" der Ingenieurleistungen im Vertrag zu deklarieren, wenn der Ingenieur aus eigener Kraft bzw. ausreichend Einfluss nehmen kann, diese einzuhalten.
> Letztendlich sollten auch Widersprüche vermieden und ausgeräumt werden, z. B. die Forderung nach niedrigen Betriebs- und Investitionskosten.

4.5.4 Formulierungsvorschlag

Die Regelung zum Vertragsgegenstand sollten zunächst folgende Festlegungen enthalten:

- Leistungsbild/er
  (z. B. Technische Gebäudeausrüstung)
- Grundstück
  (z. B. Straße, Hausnummer, PLZ, Ort, Objektname, Flurnummer)
- Was gemacht werden soll
  (z. B. Neubau, Erweiterung, Umbau, Modernisierung)
- Wo es gemacht werden soll
  (z. B. Benennung der betroffenen Gebäudeteile, Name des Neubauprojekts)
- Mit welchem Zweck dies gemacht werden soll.

mit folgender Zweckbestimmung:...

- Benennung der Anlagengruppen[28]
  (z. B. Abwasser-, Wasser- und Gasanlagen, Lufttechnische Anlagen, Förderanlagen)

Im Ausgangsfall wurde dies alles versäumt.

Darüber hinaus zu empfehlen ist, die Schnittstellen zur Objektplanung zu definieren:

> Die Rahmenbedingungen der Leistungen des AN ergeben sich aus den Vorgaben des AG an seinen Objektplaner, Architekturbüro XY, Musterstraße XX, 12345 Musterstadt, aus dem Architektenvertrag vom TT.MM.JJJJ, soweit sie die Leistungen des AN betreffen; sie werden allein insoweit Bestandteil dieses Vertrages.

... oder detaillierter in etwa so:

> Die Rahmenbedingungen der Leistungen des AN ergeben sich aus den Vorgaben des AG an seinen Objektplaner, Architekturbüro XY, Musterstraße XX, 12345 Musterstadt, aus dem Architektenvertrag vom TT.MM.JJJJ, soweit sie die Leistungen des AN betreffen. Sie werden vor allem in Bezug auf das Raum-, Funktions- und Nutzungsprogramm sowie die Material- und gestalterischen Vorgaben Bestandteil dieses Vertrages. Diese Vorgaben sind dem Vertrag als Anlage X beigefügt.

Anschließend sollten die Vorgaben an die Ingenieurleistungen definiert werden. Dies könnte z. B. bzgl. jeder übertragenen Anlagengruppe wie folgt aussehen (Eich und Eich 2017, 20 f.):

> Der AN hat bei der Erbringung seiner Leistungen folgende Zielvorgaben umzusetzen:
> 1. Abwasseranlagen:
> Funktion: ...
> Ausstattung: ...
> Kapazitäten: ...
> Materialien: ...
> Sonstige Vorgaben: ...

---

[28]§ 53 Abs. 2 HOAI.

▶ **Tipp** Die Aufnahme der Anlagegruppen in den Vertrag sollte sich nicht nur am Katalog des § 53 Abs. 2 HOAI festmachen. Speziell bei komplexeren Bauvorhaben sollte über eine weitere Differenzierung anhand der Untergruppen der Anlagen der Kostengruppe 400 nachgedacht werden. Die bloße Benennung z. B. von nutzungsspezifischen Anlagen ist nicht ausreichend. Vielmehr sollten die für das Bauvorhaben infrage kommenden Anlagen konkret gemäß der obigen Formulierung in den Vertrag aufgenommen werden.

Diese Aufzählung kann durch Kosten- oder terminliche Vorgaben ergänzt werden. Solche Forderungen sind aus Sicht des Auftraggebers verständlich. Der Ingenieur sollte aber die haftungsrechtlichen Folgen bedenken[29]; von einer vorschnellen Aufnahme ist daher aus seiner Sicht abzuraten.

Sollte zum Zeitpunkt des Vertragsabschlusses die Vorgaben nicht mit einer für die Parteien ausreichender Sicherheit feststehen, kann folgende ergänzende Regelung aufgenommen werden:

Die Parteien werden nach Abschluss der Vorplanung die Zielvorgaben gemeinsam an deren Ergebnisse anpassen (z. B. an das Planungskonzept, die Kostenschätzung). Die so neu festgelegten Zielvorgaben hat der AN bei der Erbringung seiner Leistungen einzuhalten; sie sind vom AG freigegeben.

Soweit durch die neu festgelegten Zielvorgaben bereits abgeschlossene Planungsschritte erneut erbracht werden müssen, steht dem AN hierfür eine angemessene Vergütung auf Grundlage der unter § XY vereinbarten Stundensätze[30] zu.

Erfolgt keine gemeinsame Festlegung innerhalb einer vom AN hierfür bestimmten angemessenen Frist, verbleibt es bei den ursprünglichen Zielvorgaben. Sie gelten zudem als vom AG als freigegeben, sofern der AN den AG zugleich auf diese Freigabewirkung ausdrücklich hingewiesen und der AG der Freigabewirkung nicht fristgerecht widersprochen hat.

---

[29]Vgl. hierzu Abschn. 4.8 und 4.10.
[30]Vgl. hierzu Abschn. 4.12.6.

4.6 Die Vertragsgrundlagen

Der Festlegung des Vertragsgegenstands folgen die „Vertragsbestandteile" genannten Dinge, also die dem Vertrag beiliegenden Unterlagen (z. B. Leistungsbeschreibungen, Skizzen, [Termin-] Pläne, Honorarermittlungen, Lageplan), aber auch eine Auflistung der zu beachtenden Regelungen (z. B. BGB, HOAI, EnEV).

4.6.1 Die dem Vertrag beigefügten Unterlagen

Die dem Vertrag beiliegenden oder in Bezug genommenen Unterlagen werden herangezogen, um den Vertragsgegenstand zu bestimmen und haben daher ebenfalls Einfluss auf die Frage der Bestimmtheit, den Werkerfolg sowie die Frage, wann Änderungsleistungen vorliegen.[31] Ihre Bedeutung ist daher ebenfalls hoch einzustufen.

Die Beifügung von Unterlagen hat wiederum den Zweck, Streitigkeiten zu vermeiden. Diesen Zweck kann man nur erreichen, wenn man sich vor ihrer Auflistung im Vertrag ausreichend Gedanken macht, welche Wertigkeit die jeweilige Unterlage haben und wie ihre Reihenfolge aussehen soll. Denn der Vertrag ist immer mit allen seinen Anlagen als sinnvolles Ganzes auszulegen. Es gibt auch keinen grundsätzlichen Vorrang der einen vor der anderen Unterlage.[32] Legt man daher keine Reihenfolge fest, sind alle Unterlagen gleich bedeutsam.

> **Tipp** Orientieren kann man sich für die Gestaltung z. B. an der Regelung § 1 Abs. 2 VOB/B.

In diesem Zusammenhang finden sich oft Klauseln, mit denen der Auftraggeber versucht, das Risiko der Fehlerhaftigkeit dieser Unterlagen auf den Auftragnehmer zu verlagern, z. B. so:

Der Auftragnehmer bestätigt, dass er die vorstehenden Unterlagen auf Durchführbarkeit, Vollständigkeit und insbesondere auf technische Richtigkeit hin überprüft hat.

---

[31]Vgl. hierzu Abschn. 4.9.
[32]Z. B. BGH, Urteil, 11.03.1999, VII ZR 179/98: kein Vorrang des Leistungsverzeichnisses vor den Vorbemerkungen.

Derartige Klauseln sind in AGBs in der Regel unwirksam. Gleiches gilt z. B. für Klauseln „die örtlichen Verhältnisse seien bekannt" oder, dass man sich „ausreichend Klarheit über die zu erbringenden Leistungen durch Einsichtnahme in die Unterlagen, Zeichnungen sowie durch eingehende Besichtigung der Baustelle verschafft" hat (Markus et al. 2014, Rz. 174, 175 m. w. N.).

4.6.2   Die zu beachtenden Regelungen

Weit verbreitet sind Regelungen die festlegen, welche gesetzlichen (z. B. BGB, HOAI) und welche Bestimmungen bzgl. der zu erbringenden Qualität (z. B. allgemein anerkannten Regeln der Technik, EnEV) gelten sollen.

Unproblematisch sind Verweise darauf, dass die HOAI in der bei Vertragsschluss geltenden Fassung Anwendung findet. Dies ergibt sich aus § 58 HOAI. Ebenso zulässig ist es darauf zu verweisen, dass die Regelungen des BGB, z. B. die des Werkvertragsrechts in §§ 631 ff. BGB, Anwendung finden. Nicht möglich ist die Anwendung der VOB/B.[33] Es handelt sich bei ihr um ein speziell auf Bau- und nicht auf Planungsleistungen zugeschnittenes Regelwerk.

Problematisch kann aber die Vereinbarung einer alten Fassung der HOAI sein. Es ist umstritten, ob eine solche Vereinbarung in AGBs unwirksam ist oder erst, wenn sie zu einer Unter- oder Überschreitung der geltenden Mindest- und Höchstsätze führt (Locher et al. 2017, § 57, Rz. 8 m. w. N.).

Hinsichtlich der qualitativen Anforderungen hat der Ingenieur – auch ohne ausdrückliche Vereinbarung – Planungsleistungen zu erbringen, die den allgemein anerkannten Regeln der Technik als Mindestanforderung entsprechen (qualitativ unterster Standard). Sind diese nicht erfüllt, liegt grundsätzlich ein Planungsfehler vor. Etwas komplett Anderes ist der sog. Stand der Technik. Er verlangt einen gegenüber den allgemein anerkannten Regeln der Technik gesteigerte technische Fortschrittlichkeit.

> ⯈ **Tipp** Achten Sie auf die Begrifflichkeit, v. a. was im Vertrag steht. Die Unterschiede sind erheblich. In der Praxis ist nach wie vor der gravierende Irrtum anzutreffen, die Begriffe „allgemein anerkannte Regeln der Technik" und „Stand der Technik" sind inhaltsgleich; dies ist falsch!

---

[33]Z. B. BGH, Urteil vom 15.06.2000, VII ZR 212/99.

Letztendlich hat der Ingenieur die öffentlich rechtlichen Vorgaben zu beachten, die an das Bauwerk gestellt werden. Er muss seine Planung so gestalten, dass sie eingehalten sind.[34] Hierzu gehört auch die EnEV.

Die Frage, welche Fassung der allgemein anerkannten Regeln der Technik oder z. B. der EnEV einzuhalten ist, ist weitgehend unklar. Für die Geltung der allgemein anerkannten Regeln der Technik kommt es grundsätzlich auf den Zeitpunkt der Abnahme – der Ingenieur- und nicht der Bauleistungen! – an.[35] Unklar ist ebenfalls, ob nicht der Erwartungshorizont v. a. eines privaten Auftraggebers dahingeht, dass die Planung die zum Fertigstellungszeitpunkt seines Vorhabens geltenden öffentlich-rechtlichen Vorgaben umzusetzen habe (z. B. die EnEV). Hierfür spricht, dass die Rechtsprechung auf die „berechtigte Erwartung des Erwerbers" abstellt.[36] Angesichts steigender Energiepreise und eines ausgeprägten Energiespargedankens in der Bevölkerung kann gut vertreten werden, dass insbesondere Regelungen, welches dieses Ziel verfolgen (z. B. die EnEV) in der bei Fertigstellung des Bauvorhabens geltenden Fassung umzusetzen sind (Vogel 2009).

Im Vertrag sollte daher festgelegt werden (z. B. im Rahme der allgemeinen Leistungspflichten[37]):

- was der maßgebliche Zeitpunkt für die Geltung der allgemein anerkannten Regeln der Technik und der öffentlich-rechtlichen Vorschriften ist

und im Fall, dass der Vertrag eine Abweichung zu den eben beschriebenen Zeitpunkten enthält

- sollte insbesondere ein privater Auftragnehmer ausdrücklich, umfassend sowie richtig über die sich daraus ergebenen nachteiligen Folgen und Gefahren aufgeklärt werden.[38] Allein die Kenntnis, dass von etwas abgewichen wird, reicht nicht.[39]

---

[34]BGH, Urteil vom 27.09.2001, VII ZR 391/99.

[35]Z. B. OLG Düsseldorf, Urteil vom 15.04.2011, 23 U 90/10; hingegen auf den Zeitpunkt der Leistungserbringung abstellend: OLG München, Beschluss vom 15.01.2015, 9 U 3395/14 Bau.

[36]BGH, Urteil vom U 16.12.2004, VII ZR 257/03.

[37]Vgl. hierzu unten Abschn. 4.11.

[38]OLG Düsseldorf, Urteil vom 06.10.2017, 22 U 41/17.

[39]OLG München, Urteil vom 14.06.2005, 28 U 1921/05.

4.6.3 Klare und verständliche Auflistung

Auch Regelungen zu den Vertragsgrundlagen können in AGBs unwirksam sein. Dies dann, wenn die Auflistungen und Verweise zu Unklarheit und Unverständlichkeit führen, also nicht mehr erkennbar ist, was (wie) in welcher Reihenfolge gelten soll. Hüten sollte man sich daher vor Regelungen, die versuchen, jede erdenkliche Norm oder Vorgabe aufzunehmen. Weniger ist hier Mehr. Möglich wäre z. B. folgende Regelung:

Dem Vertrag liegen die zum Zeitpunkt der Angebotserstellung geltenden öffentlich rechtlichen Normen (z. B. EnEV, Landesbauordnung) und technischen Vorgaben (z. B. allgemein anerkannte Regeln der Technik, DIN-Normen) zugrunde. Relevante Änderungen können derzeit nicht abgesehen werden und bleiben vorbehalten.

4.7 Der Leistungsumfang

Das Kernstück des Ingenieurvertrags ist die Regelung über den Umfang der vom Ingenieur zu erbringenden (Planungs-)Leistungen. Angesichts dessen, dass der Ingenieurvertrag ein Werkvertrag ist[40], sind für den Umfang der zu erbringenden Leistungen primär auch diese Regelungen maßgeblich. Diese Selbstverständlichkeit kann nicht genug betont werden: In der Praxis ist vielfach die Auffassung anzutreffen, dass sich die vom Ingenieur zu erbringenden Leistungen aus der HOAI (z. B. des § 55 Abs. 3 i. V. m. Anlage 15) ergeben. Diese Auffassung ist in dieser Pauschalität nicht richtig; sie zeigt vielmehr, dass das wesentliche Zusammenspiel von BGB und HOAI sowohl vom Ingenieur, aber auch aufseiten des Auftraggebers nicht verstanden wird.

4.7.1 Die gesetzliche Systematik

§ 650 p Abs. 1 spricht davon, dass der Ingenieur die Leistungen zu erbringen hat, die nach dem jeweiligen Stand der Planung und Ausführung des Bauwerks oder der Außenanlage erforderlich sind, um die zwischen den Parteien vereinbarten Planungs- und Überwachungsziele zu erreichen. Dies ändert nichts an der grundsätzlichen Vorgabe des § 631 Abs. 1 BGB, wonach der Ingenieur verpflichtet

---

[40]Vgl. hierzu oben Abschn. 4.2.

ist, das „versprochene Werk herzustellen"; ist doch § 650 p Abs. 1 BGB nur seine Ergänzung (Fuchs 2015).

- Wie oben unter Ziffer 4.2 dargestellt, ist das „Werk" zunächst nicht das Bauvorhaben selbst. Dies veranschaulicht der durch die Bauvertragsrechtsreform neu eingefügte § 650 o BGB, indem er von „Planungs- und Überwachungszielen" spricht, welche der Ingenieur zu erreichen hat.
- Das Werk muss auch „versprochen" sein. Damit meint das Gesetz eine Vereinbarung, eben über das Werk. Diese Vereinbarung, besonders ihre Inhalte unterliegen wiederum der freien Gestaltung der Vertragsparteien.[41] Der neue § 650 p BGB spricht insoweit eindeutig von „vereinbarten Planungs- und Überwachungszielen".
- Daraus folgt: Wie die Planungsleistungen und damit das Werk beschaffen sein muss, können die Parteien frei vereinbaren.

Die HOAI hat also darauf, was die Parteien als zu erbringende Planungsleistungen vereinbaren (zunächst) keinen Einfluss:

- Dies macht zum einen die Gesetzessystematik deutlich: Der § 631 BGB nachfolgende §, nämlich 632 BGB, regelt die Vergütung und spricht erst in seinem Absatz 2 die HOAI als übliche oder taxmäßige Vergütung an. Mit dieser Zweiteilung macht das Gesetz deutlich, dass die Vereinbarung über die zu erbringenden Leistungen nichts mit der hierfür zu zahlenden Vergütung – dem Honorar nach der HOAI – zu tun hat.
- Aber auch der Begriff der HOAI zeigt dies: HONORAR-ordnung für Architekten und Ingenieure. Sie regelt allein, welches Geld der Ingenieur bekommt, wenn er dort genannten Leistungen erbringt[42]

4.7.2 Die Handhabe in der Praxis

Die eben dargestellte gesetzessystematische Zweiteilung zwischen vereinbartem Werk und der hierfür zu zahlenden Vergütung wird in der Praxis vielfach vermischt. Der Ausgangsfall zeigt diese Typik auf: es wird lediglich ein Angebot

---

[41]Vgl. hierzu oben Kap. 3: „Privatautonomie".

[42]Vgl. hierzu unten Abschn. 4.2. Vergleichbar einem Preisschild für Eis am Kiosk: Das Eis, was Sie wollen, müssen Sie zunächst bestellen (=Leistung). Haben Sie bestellt, kostet es den Preis, der auf dem Preisschild steht (=HOAI).

über das Honorar – angelehnt an der HOAI und mit Bezugnahmen auf sie – abgegeben. Der Auftraggeber beauftragt dieses letztendlich. Was ist passiert? Es fehlt an einer ausdrücklichen Vereinbarung über das „versprochene Werk", also über den Umfang der zu erbringenden Planungsleistungen. In diesem und ähnlichen Fällen ist sodann auszulegen, wie weit der Umfang der zu erbringenden Planungsleistungen reicht.[43] Für diese Auslegung greift die Rechtsprechung auf die im Angebot enthaltenen Bezugnahmen auf die HOAI zurück. Die Auslegung führt regelmäßig dazu, dass die Konkretisierung der zu erbringenden Planungsleistungen aus der HOAI, insbesondere aus den sich in ihren Anlagen findenden Grundleistungskatalogen hergeleitet werden kann. Alle dort enthaltenen Grundleistungen sind dann als jeweils einzelne Arbeitsschritte im Sinne selbstständiger Teilerfolge vom Ingenieur zu erbringen. Die Auslegung kann sogar so weit gehen, dass selbst Grundleistungen, die für das konkrete Projekt nicht erforderlich sind, erfasst sind (Kniffka und Koeble 2014, 12. Teil, Rz. 652).

Es hat aber noch weitere Auswirkungen: erbringt der Ingenieur einzelne Grundleistungen nicht (z. B. weil er sie nicht für erforderlich hält), führt dies dazu, dass der Auftraggeber bzgl. der jeweils nicht erbrachten Grundleistung das Honorar kürzen kann.

▷ **Tipp** Vor vermeintlichen „schnellen" Angeboten oder Beschreibungen des Leistungsumfangs durch Bezugnahmen auf die HOAI ist daher abzuraten. Dadurch wird die Bestimmtheit des Leistungsumfangs riskiert, sogar erheblich ausgedehnt und geht der Ingenieur das Risiko ein, später Honorarkürzungen hinnehmen zu müssen.[44]

4.7.3 Die Folgen für die Praxis

Belässt man es für die Leistungsumfang bei einer Inbezugnahme auf die HOAI, z. B.:

Der Auftragnehmer erbringt die Grundleistungen, die in den folgenden Leistungsphasen des § 55 Abs. 4 HOAI i. V. m. Anlage 15 genannt sind:

- Leistungsphase 1: Grundlagenermittlung
- Leistungsphase 2: Vorplanung

[…]

---

[43]BGH, Urteil vom 24.06.2004, VII ZR 259/02.
[44]BGH, Urteil vom 28.07.2011, VII ZR 65/10.

stellen sich die eben unter Ziffer 4.7.2 dargestellten Folgen. Besser ist daher eine
explizite Auflistung nur der Grundleistungen je Leistungsphase, die erbracht werden sollen; nicht zu erbringende Grundleistungen werden weggelassen Eine solche Vorgehensweise ist vor allem dem Ingenieur zu empfehlen:

> Der Auftragnehmer erbringt nur die Grundleistungen, die in den folgenden
> Leistungsphasen des § 55 Abs. 3 HOAI genannt sind. (Grund-) Leistungen, die nicht
> genannt sind, sind nicht geschuldet.
>
> * Leistungsphase 1: Grundlagenermittlung
>   – Klären der Aufgabenstellung
>   – Ermitteln der Planungsrandbedingungen und Beraten zum Leistungsbedarf
> * Leistungsphase 2: Vorplanung
>   – Analysieren der Grundlagen
>   – Erarbeiten eines Planungskonzepts
>   – Aufstellen eines Funktionsschemas
>
> [...]

Dies kann auch in eine Anlage zum Vertrag aufgenommen werden, auf die im
Vertragstext Bezug genommen wird:

> Der Auftragnehmer erbringt nur die Grundleistungen nach § 55 Abs. 3 HOAI, die
> in der diesem Vertrag als Anlage 1 beiliegenden Leistungsbeschreibung ausdrück-
> lich genannt sind; Grund- und besondere Leistungen, die nicht ausdrücklich genannt
> sind, sind nicht geschuldet.

Möglich ist auch eine Negativ-Auflistungen:

> Der Auftragnehmer hat sämtliche sich aus der Anlage 15 gem. § 55 Abs. 3 HOAI
> ergebenden Grundleistungen zu erbringen. Ausgenommen hiervon sind folgende
> Grundleistungen:
>
> * Leistungsphase 1: Grundlagenermittlung
>   – Beraten zum Leistungsbedarf und ggf. zur techn. Erschließung
>   – Zusammenfassen, Erläutern und Dokumentieren der Ergebnisse
> * Leistungsphase 2: Vorplanung
>   – Angaben zum Raumbedarf
>   – Zusammenfassen, Erläutern und Dokumentieren der Ergebnisse
>
> [...]

Neben dem eben dargestellten Modell – welches mit der Verknüpfung der unter Regelung zum Gegenstand des Vertrages[45] als funktionale Leistungsbeschreibung mit Vorgaben für die Arbeitsmethodik einzuordnen ist –, sind weitere Modelle denkbar. Dies z. B. derart, dass allein ein Katalog von Zielvorstellungen des Auftraggebers aufgenommen wird, an dem sich die Planung auszurichten oder dessen Abarbeitung Voraussetzung für eine mangelfreie Vertragserfüllung ist (z. B. als rein funktionaler Leistungsbeschreibungen oder als Pflichtenheft des Ingenieurs) (vgl. Eschenbruch 2017b, 190, Rz. 134).

4.7.4 Zusammenfassende Übersicht

Abb. 4.2 stellt das Zusammenspiel des Leistungsumfangs und der Vergütung nochmals dar.

4.7.5 Besondere Planungsziele

Es kommt vor, dass im Fließtext des Vertrages – quasi „nebenbei" – besondere Anforderungen an das Projekt mit aufgenommen sind (z. B. Nachhaltigkeit, Gebäudezertifizierungen, Anlagenkennzeichnungssysteme, Brandfallmatrix,

Leistungsumfang		
§ 631 Abs. 1 BGB „versprochenes Werk"	Die Vereinbarung zwischen den Parteien bestimmt den Leistungsumfang	Die Parteien können die Regelungen der HOAI aufgrund der Privatautonomie aber für die Bestimmung des Leistungsumfangs heranziehen (und sie damit „aufwerten").
§ 632 Abs. 2 BGB „Vergütung – HOAI"	Die HOAI hat grundsätzlich keinerlei Bedeutung für den Leistungsumfang	

Abb. 4.2 Leistungsumfang

---

[45]Vgl. hierzu Abschn. 4.5.

CAFM, CAD-Grundlagen). Solche Regelungen können z. B. unter der Überschrift „Planungs- und Projektziele" oder „Pflichten des AN" lauten:

> ...Prüfung, Bewertung und ggf. Einbeziehung der neuesten technischen und ökologischen Standards

... oder eindeutiger:

> Der AN ist verpflichtet, seine Leistungen so zu erbringen, dass folgende Zertifizierungen ... erreicht werden: ...

Der Ingenieur muss sich bewusst sein, dass dies ggf. zu erweiterten Leistungspflichten seinerseits führt, die u. U. auch mit der vereinbarten Vergütung abgegolten sein können. Daher ist aus Sicht des Ingenieurs zu empfehlen, jedenfalls eine eindeutige Regelung zur Vergütung solcher Leistungen, aber auch darüber, wer die Gebühren von Zertifizierungen etc. zu tragen hat, in den Vertrag aufzunehmen.

Speziell Leistungen des sog. Building Information Modeling (BIM) werden als besondere Leistungen nach § 3 HOAI eingestuft, sodass deren Vergütung frei vereinbart werden kann (§ 3 Abs. 3 Satz 3 HOAI; Eschenbruch und Leupertz 2016, 153, Rz. 22).

4.7.6 Komplettheitsklauseln

Immer wieder anzutreffen sind Regelungen, die den Ingenieur dazu verpflichten, auch Leistungen auszuführen, die weder im Vertrag oder dessen Anlagen, noch in der HOAI genannt, aber erforderlich sind, den werkvertraglichen Erfolg herbeizuführen. Teilweise gehen diese noch einen Schritt weiter und formulieren, dass solche Leistungen von der vereinbarten Vergütung erfasst und damit kostenlos zu erbringen sind.

Derartigen Klauseln haftet ein erhebliches Unwirksamkeitsrisiko an, sofern sie in AGBs verwendet werden (Markus et al. 2014, Rz. 200 ff.). Denn um festzustellen, welche Planungen bereits vorhanden und welche noch zu erbringen sind, müsste der Ingenieur die Planung praktisch schon bei Vertragsschluss vollständig vorliegen haben. Diese dürfte fast nie der Fall sein.

4.8   Baukosten

Aufgrund der für den Auftraggeber immer wichtiger werdenden Kostensicherheit versucht er regelmäßig, die Einhaltung der Baukosten – neben dem Architekten – auch vom Ingenieur einzufordern. Es gibt viele Wege, dies zu tun. Diese können im Folgenden aufgrund des Umfangs und der Komplexität nur in den Grundzügen dargestellt werden.

4.8.1   Kein Versicherungsschutz

Vertraglichen Regelungen egal welcher Art sollte besonders vom Ingenieuren ausnahmslos mit Vorsicht begegnet werden. Grund ist die Ausschlussklausel in Ziffer A. 4.2. der BBR/Arch[46]. Danach ist der Versicherungsschutz für Schäden

aus der Überschreitung von Vor- und Kostenanschlägen

ausgeschlossen. Einerseits ist nicht jeder Fehler, der sich auf die Kosten auswirkt, von dieser Klausel erfasst. Andererseits kann der individuelle Versicherungsvertrag hiervon abweichende, v. a. erweiternde Regelungen enthalten.

Daher sollte vor Vereinbarung einer Regelung zur Kostensicherheit

- geprüft werden, ob Ziffer A. 4.2 der BBR/Arch Bestandteil des Versicherungsvertrags geworden ist.

und

- mit der Versicherung verbindlich geklärt werden, ob und in welchem Umfang Deckung für die konkret im Vertrag vorgesehene Regelung zur Kostensicherheit besteht (z. B. durch eine zusätzliche Versicherung[47]).

---

[46]Besondere Bedingungen und Risikobeschreibungen für die Berufshaftpflichtversicherung von Architekten, Bauingenieuren und Beratenden Ingenieuren.

[47]In der Praxis sind Regelungen anzutreffen, wonach sich die Parteien die hierfür anfallenden Kosten teilen.

4.8.2 Die Handhabe in der Praxis

In Verträgen sind oft Regelungen zu Baukostenobergrenzen, seltener zu Baukostengarantien zu finden.[48]

Die Baukostengarantie führt zu sehr empfindlichen Rechtsfolgen für den Ingenieur: sie verschafft dem Auftraggeber einen verschuldensunabhängigen Anspruch auf Zahlung der Mehrkosten.[49] Eine Baukostengarantie kann z. B. folgendermaßen lauten:

> Der Auftragnehmer verpflichten sich, die Gesamtkosten von EUR […] zzgl. derzeit geltender Umsatzsteuer nicht zu überschreiten.[50]

Das tückische an dieser, aber auch an anderen Regelungen zur Baukostengarantie ist, dass das Wort „Garantie" weder ausdrücklich fallen muss, noch alleine ausreicht, um eine Baukostengarantie zu begründen. Maßgeblich für das Vorliegen einer Baukostengarantie ist immer eine am konkreten Einzelfall auszurichtende Auslegung des Vertrages. Will man daher sicherstellen, dass keine Baukostengarantie übernommen wird, sollte dies z. B. wie folgt klargestellt sein:

> Die Übernahme einer Baukostengarantie egal welcher Art (z. B. selbstständig verschuldensunabhängig) ist mit keiner Regelung dieses Vertrages verbunden.

Verbreitet sind hingegen Regelungen, mit denen die Einhaltung von bestimmten Kosten als Beschaffenheit – und damit als vom Ingenieur einzuhaltender Erfolg – vereinbart werden. Werden die so vereinbarten Kosten nicht eingehalten, stehen dem Auftraggeber die allgemeinen Gewährleistungsansprüche zu. Dies bedeutet, dass die vereinbarten Baukosten die maximal der Honorarabrechnung zugrunde zu legenden anrechenbaren Kosten sind.[51]

---

[48]Daneben gibt es weitere Pflichten hinsichtlich der Kosten, z. B. Abklärung des Finanzrahmens des Projekts, Klären und Erläutern der wirtschaftlich wesentlichen Zusammenhänge in der Leistungsphase 2, Mitwirken bei der Kredit- und Fördermittelbeschaffung oder Aufstellen eines Finanzierungsplans als besondere Leistung in der Leistungsphase 2, richtige Kostenberechnung in der Leistungsphase 3.

[49]BGH, Urteil vom 22.11.2012, VII ZR 200/10.

[50]So im Fall BGH, Urteil vom 22.11.2012, VII ZR 200/10, wobei die Regelung weiter modifiziert war.

[51]BGH, Urteil vom 23.01.2003, VII ZR 362/01.

Auch solche Regelungen sind tückisch: sie müssen nicht ausdrücklich vereinbart sein.[52] Es reicht z. B. aus, wenn der Ingenieur von seinem Auftraggeber einseitig geäußerten Kostenvorstellungen nicht widerspricht.[53]
Eindeutig wäre indes folgende Regelung:

> Die Einhaltung der in der Kostenaufstellung vom TT.MM.JJJJ genannten Baukosten
> von EUR [...] ist vereinbarte Beschaffenheit der vom Ingenieur zu erbringenden
> Leistung.

Will der Ingenieur auch dies nicht, ist zu empfehlen, die obige Ausschlussklausel
über die Baukostengarantie um die die Worte

> ... und Baukostenobergrenze ...

nach „Baukostengarantie" zu ergänzen. Dies, da dem Ingenieur vor Gericht die
Darlegungs- und Beweislast dafür obliegt, dass keine Baukostenobergrenze vereinbart ist.[54]

▷ **Tipp** Der Ingenieur sollte seinen Auftraggeber frühzeitig und regelmäßig in die Entwicklung der Baukosten einbinden, v. a. wenn die
Einhaltung von Baukosten als Beschaffenheit vereinbart ist. In diesem
Fall muss der Auftraggeber dem Ingenieur grundsätzlich eine Frist zur
Mängelbeseitigung, d. h. zur Kostenkorrektur, setzen. Dies kann er nur,
wenn er in die Kostenentwicklung eingebunden ist. Erfährt der Auftraggeber von der Kostenüberschreitung zu einem Zeitpunkt, in dem
er nicht mehr korrigierend eingreifen kann, ist eine Fristsetzung nicht
mehr erforderlich. Der Auftraggeber kann dann sofort z. B. Schadens-
ersatz verlangen oder Ersatzvornahmen einleiten. Die Möglichkeit,
die Bausummenüberschreitung abzuwehren, hat der Ingenieur dann
nicht mehr.

---

[52]OLG Frankfurt, Urteil vom 14.12.2006, 16 U 43/06.
[53]BGH, Urteil vom 21.03.2013, VII ZR 230/11.
[54]OLG Köln, Urteil vom 04.11.2015,11 U 48/14.

4.8.3 Formulierungsvorschläge

Zu empfehlen sind aufgrund der eben dargestellten Rechtsprechungstendenz, eine
Kostenhaftung des Ingenieurs auch durch Auslegung des Vertrages herbeiführen
zu können, jedenfalls Regelungen dazu, wie mit den Baukosten umzugehen ist.
Dies kann entweder durch die unter Ziffer 4.8.2. dargestellten Ausschluss-
klauseln für Baukostengarantien und Baukostenüberschreitungen geschehen.
Lassen sich solche aus Sicht des Ingenieurs nicht durchsetzen, kann alternativ
als Mittelweg z. B. vereinbart werden:

Der Auftragnehmer wird alles Erforderliche und Zumutbare tun und veranlassen,
damit die Kostenziele des Auftraggebers und die im Rahmen der Kostenschätzung
und Kostenberechnung zugrunde gelegten Baukosten für die vom Auftragnehmer
zur Planung übernommenen Anlagengruppen[55] eingehalten werden können. Reichen
die vorgegebenen oder ermittelten Kosten der beauftragten Anlagengruppen nicht
aus, so hat der Auftragnehmer den Auftraggeber darüber und über die voraussicht-
lichen Mehrkosten unverzüglich zu unterrichten und Einsparungsmöglichkeiten zu
eruieren und vorzuschlagen. Der Auftragnehmer haftet gegenüber dem Auftraggeber
für Schäden, die diesem durch eine grob fahrlässige Verletzung der vorgenannten
Pflichten entstehen. Im Übrigen ist die Einhaltung der Baukosten weder eine vereinbarte Beschaffenheit der Leistungen des Auftragnehmers, noch hat der Auftragnehmer insoweit eine Garantie übernommen.

4.9 Leistungsänderungen

Zankapfel ist regelmäßig, wann eine zu bezahlende Änderung der (ursprüng-
lich) vom Ingenieur verlangten Leistung und wann ein – nicht zu bezahlender –
alternativer Lösungsvorschlag vorliegt. Dabei sind drei Konstellationen denkbar
(Motzke 1994):

- Planungsänderung als Teil einer beauftragten, aber noch nicht
  abgeschlossenen Grundleistung: mit dem vereinbarten Honorar, insbesondere
  des jeweiligen Von-Hundert-Satz, abgegolten.
- Planungsänderung als weitere oder zusätzliche Erfüllung einer – insbesondere
  abgeschlossener – Grundleistung: zusätzliche Honorierung.
- Planungsänderung als besondere Leistung: zusätzliche Honorierung.

---

[55]Durch diese oder eine vergleichbare Formulierung ist sicherzustellen, dass der Ingenieur
nicht für die Einhaltung von Kosten verantwortlich gemacht werden kann, auf deren Einhaltung er keinen (maßgeblichen) Einfluss hat, z. B. Leistungen der Kostengruppe 300.

4.9.1 Neuerung durch die Baurechtsreform

Eine dem § 1 Abs. 3 VOB/B vergleichbare Regelung, wonach der Auftraggeber Leistungsänderungen einseitig anordnen kann, kannte bisher weder das BGB, noch die HOAI. Dies hat sich durch die Einführung des § 650 b BGB, welche über die Verweisungsnorm des § 650 q BGB auch für den Ingenieurvertrag gilt, grundlegend geändert. Danach besteht unter bestimmten Voraussetzungen ein Recht des Auftraggebers, Leistungsänderungen anzuordnen:

(1) Begehrt der Besteller

1. eine Änderung des vereinbarten Werkerfolgs (§ 631 Absatz 2) oder
2. eine Änderung, die zur Erreichung des vereinbarten Werkerfolgs notwendig ist,

streben die Vertragsparteien Einvernehmen über die Änderung und die infolge der Änderung zu leistende Mehr- oder Mindervergütung an. Der Unternehmer ist verpflichtet, ein Angebot über die Mehr- oder Mindervergütung zu erstellen, im Falle einer Änderung nach Satz 1 Nummer 1 jedoch nur, wenn ihm die Ausführung der Änderung zumutbar ist. Macht der Unternehmer betriebsinterne Vorgänge für die Unzumutbarkeit einer Anordnung nach Absatz 1 Satz 1 Nummer 1 geltend, trifft ihn die Beweislast hierfür. Trägt der Besteller die Verantwortung für die Planung des Bauwerks oder der Außenanlage, ist der Unternehmer nur dann zur Erstellung eines Angebots über die Mehr- oder Mindervergütung verpflichtet, wenn der Besteller die für die Änderung erforderliche Planung vorgenommen und dem Unternehmer zur Verfügung gestellt hat. Begehrt der Besteller eine Änderung, für die dem Unternehmer nach § 650c Absatz 1 Satz 2 kein Anspruch auf Vergütung für vermehrten Aufwand zusteht, streben die Parteien nur Einvernehmen über die Änderung an; Satz 2 findet in diesem Fall keine Anwendung.

(2) Erzielen die Parteien binnen 30 Tagen nach Zugang des Änderungsbegehrens beim Unternehmer keine Einigung nach Absatz 1, kann der Besteller die Änderung in Textform anordnen. Der Unternehmer ist verpflichtet, der Anordnung des Bestellers nachzukommen, einer Anordnung nach Absatz 1 Satz 1 Nummer 1 jedoch nur, wenn ihm die Ausführung zumutbar ist. Absatz 1 Satz 3 gilt entsprechend.

▶   **Tipp** Im Grundsatz ist diese Regelung zweistufig ausgestaltet:

1. Stufe	Es besteht die Verpflichtung, eine Einigung zu versuchen; hierzu hat der Ingenieur einen Honorarvorschlag zu unterbreiten.
2. Stufe	Kommt eine Einigung innerhalb von 30 Tagen nach dem Änderungsverlangen des Auftraggebers nicht zustande, besteht ein einseitiges Anordnungsrecht des Auftraggebers

Das Anordnungsrecht berechtigt den Auftraggeber nur zu sog. „identitätswahrenden"[56] Änderungen des Werkerfolgs oder zu seiner Erreichung notwendige Leistungen vornehmen zu lassen; ein einseitiges Bestimmungsrecht des Werkerfolgs begründet § 650 b BGB nicht.

Um die Regelung übersichtlicher zu machen dient Abb. 4.3.

Bezogen auf den Ingenieurvertrag sind danach z. B. Anordnungsrechte des Auftraggebers im Hinblick auf

- den Umfang der Planung (z. B. zusätzliche Grund- oder besondere Leistung) (Kniffka, 2017b, 1865)
- ihr Ziel (z. B. Qualitäten)
- die Funktionalität der Planung, d. h. dass sich durch den Planungs- und Baufortschritt zeigt, dass die bisherigen Planungsleistungen nicht ausreichend sind, um das Ziel des Auftraggebers zu erreichen (z. B. anderweitige Vorgaben der Baugenehmigungsbehörden)

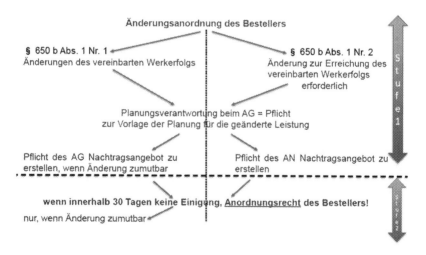

Abb. 4.3 Änderungsanordnungen

---

[56]Dammert et al. 2017, 94 Rz. 61. So z. B., wenn das Objekt (z. B. Bürogebäude, Fabrik) bei Vertragsabschluss bereits feststand. Eine hiervon abweichende Festlegung ist nicht mehr „identitätswahrend". Anders, wenn bei Vertragsabschluss die Objektart bekanntermaßen offen war (z. B. bei Kapitalanlageobjekten).

denkbar. Ob auch Anordnungsrechte für eine Veränderung der Planungs- oder Objektüberwachungszeit auf Grundlage des § 650 b BGB bestehen sollen, ist umstritten (dafür sind Dammert et al. 2017, 95 Rz. 65; dagegen ist Kniffka 2017a, § 650 q Abs. 2 Rz. 6).

Einer Anordnung zur Änderung des Werkerfolgs (§ 650 b Abs. 1 Nr. 1 BGB) hat der Ingenieur nur nachzukommen, wenn ihm die Ausführung zumutbar ist. Das Zumutbarkeitskriterium wird grds. vom BGH als eng auszulegende, nur selten anwendbare Ausnahmevorschrift, die ein grobes Missverhältnis zwischen den Interessen der Vertragsparteien verlangt, verstanden.[57] Eine Unzumutbarkeit für den Ingenieur – die von ihm zu beweisen ist – kann sich z. B. dadurch ergeben, dass die Änderung mit einem erheblichen zeitlichen Mehraufwand verbunden ist und aufgrund bereits abgeschlossener anderer Verträge keine Kapazitäten mehr frei sind, um diesen zusätzlichen Zeitaufwand zu bewältigen (Kniffka 2017b, 1865). In Betracht kommt eine Unzumutbarkeit ferner, wenn die Qualifikation, die technischen Möglichkeiten oder die Ausstattung des Ingenieurs nicht ausreichend sind (Deutscher Bundestag 2016, 53). Allerdings wird es wegen der eingangs aufgezeigten Rechtsprechung immer auf die Umstände des Einzelfalls ankommen.

4.9.2 Gestaltungsvarianten des Anordnungsrechts

Sofern der Ingenieur oder der Auftraggeber in seinen AGB von den Grundgedanken des Anordnungsrechts abweicht, unterliegt diese Regelung hohen Unwirksamkeitsrisiken (§ 307 Abs. 2 Nr. 1 BGB); dies v. a., da es derzeit noch an gefestigter Rechtsprechung hierzu fehlt.

Denkbar wäre es, folgende Parameter des Anordnungsrechts unter Berücksichtigung der Schranken des § 307 Abs. 2 Nr. 1 BGB vertraglich abzuändern:

- Festlegung, nach welchen Kriterien der Ingenieur sein Angebot für die Honorierung der Mehr- oder Minderleistungen abzugeben hat.[58]
- Festlegung, ab wann der Ingenieur berechtigt ist, eine Anordnung zur Änderung des Werkerfolgs durch den Auftraggeber als unzumutbar abzulehnen.[59]

---

[57]BGH, Beschluss 14.01.2009, VIII ZR 70/08.

[58]Oftmals fehlt bei Architekten- und Ingenieurleistungen deren Urkalkulation, auf die für die Berechnung des Honorars zurückgegriffen werden könnte (§ 650 c Abs. 2 Satz 1 BGB).

[59]Unwirksam dürfte es sein, den Ingenieur zu verpflichten, unzumutbaren Änderungsanordnungen Folge zu leisten.

- Festlegung eines die Planungs- und Bauzeit erfassenden – ausgewogenen[60] – Anordnungsrechts (z. B. für Beschleunigungsmaßnahmen).
- Verkürzung der 30-tägige Einigungsfrist des § 650 b Abs. 2 BGB, z. B. bei dringenden oder zeitkritischen Fällen.
- Entfall der 30-tägigen Einigungsfrist, wenn die Verhandlungen über die Änderungsanordnung erkennbar scheitern (z. B. der Ingenieur deutlich macht, die Änderung nicht ausführen zu wollen oder sich weigert, ein Angebot hierüber vorzulegen).

4.9.3 Honorierung der Anordnung

Eine Regelung zur Ermittlung der durch die Anordnung auszuführenden Leistungen enthält § 650 q Abs. 2 BGB:

> (2) Für die Vergütungsanpassung im Fall von Anordnungen nach § 650b Absatz 2 gelten die Entgeltberechnungsregeln der Honorarordnung für Architekten und Ingenieure in der jeweils geltenden Fassung, soweit infolge der Anordnung zu erbringende oder entfallende Leistungen vom Anwendungsbereich der Honorarordnung erfasst werden. Im Übrigen ist die Vergütungsanpassung für den vermehrten oder verminderten Aufwand aufgrund der angeordneten Leistung frei vereinbar. Soweit die Vertragsparteien keine Vereinbarung treffen, gilt § 650c entsprechend.

Satz 1 enthält nur eine Klarstellung dahin gehend, dass die Leistungen grundsätzlich nach der HOAI zu vergüten sind, soweit sie von ihr erfasst sind. Sind sie dies nicht, ist das Honorar frei vereinbar (Satz 2).

Sind die Parteien – wie es oft der Fall ist! – nicht in der Lage, eine Vereinbarung über das Honorar zu treffen, gilt § 650 c BGB. Insbesondere dessen Abs. 1 ist zu beachten, da der Ingenieur meist keine Urkalkulation seines Honorars erstellt, auf die zurückgegriffen werden könnte (§ 650 c Abs. 2 Satz 1 BGB):

> (1) Die Höhe des Vergütungsanspruchs für den infolge einer Anordnung des Bestellers nach § 650b Absatz 2 vermehrten oder verminderten Aufwand ist nach den tatsächlich erforderlichen Kosten mit angemessenen Zuschlägen für allgemeine Geschäftskosten, Wagnis und Gewinn zu ermitteln. Umfasst die Leistungspflicht des Unternehmers auch die Planung des Bauwerks oder der Außenanlage, steht diesem im Fall des § 650b Absatz 1 Satz 1 Nummer 2 kein Anspruch auf Vergütung für vermehrten Aufwand zu.

---

[60]Die Vereinbarung eines uneingeschränkten zeitlichen Anordnungsrechts widerspricht der Gesetzesbegründung und dürfte daher unwirksam sein. Die Regelung muss jedenfalls die Interessen des Ingenieurs und seines Auftraggebers ausreichend berücksichtigen, um wirksam zu sein.

(2) Der Unternehmer kann zur Berechnung der Vergütung für den Nachtrag auf die Ansätze in einer vereinbarungsgemäß hinterlegten Urkalkulation zurückgreifen. Es wird vermutet, dass die auf Basis der Urkalkulation fortgeschriebene Vergütung der Vergütung nach Absatz 1 entspricht.

Diese Regelungen legen aber nicht fest, dass der Ingenieur einen Anspruch auf Honorierung seiner durch die Anordnung auszuführenden Leistungen hat; sie setzen einen solchen nur voraus (Kniffka 2017b, 1867). Es ist daher aus Sicht des Ingenieurs anzuraten, in den Vertrag z. B. folgende Regelung aufzunehmen:

Der Auftragnehmer hat im Fall einer Anordnung nach § 650 b BGB Anspruch auf eine zusätzliche Vergütung.

Im sich erst jetzt anschließenden Schritt sollten Regelungen folgen, wie das zusätzliche Honorar zu berechnen ist. Dies zunächst im Hinblick auf den Umstand, dass die Regelung des § 650 q Abs. 2 BGB offen lässt, ob § 10 HOAI anzuwenden ist.[61] Daher ist zu empfehlen, dass der Vertrag entweder klarstellt

§ 10 HOAI ist anzuwenden.

oder

§ 10 HOAI ist nicht anzuwenden.[62]

Ferner ist der Fall zu bedenken, dass keine Einigung über die Honorierung der angeordneten Leistungen getroffen wird und der Ingenieur über keine Honorar-Urkalkulation verfügt; für diesen Fall gilt der dargestellte § 650 c Abs. 1 Satz BGB: für die Honorarermittlung sind die „tatsächlich erforderliche Kosten" maßgeblich (=Vergleich Kosten ohne Planungsänderung mit den tatsächlichen der Planungsänderung). Problematisch hieran ist, dass regelmäßig Erfahrungswerte, wie viel Zeit man für eine bestimmte Planungsaufgabe benötigt, nicht

---

[61]Vgl. zu dieser strittigen Frage z. B. Dammert et al. 2017, 96; Kniffka 2017a, § 650 q, Rz. 17 ff.
[62]Dies kann u. U. zu einer versteckten Unterschreitung der HOAI-Mindestsätze führen.

vorliegen und das Honorar daher nicht ermittelt werden kann (Deutscher Bundestag 2016, 69). Der Vertrag sollte daher hierfür Vorsorge treffen, z. B. so:

> Im Fall einer Honorarermittlung nach § 650 c Abs. 1 Satz 1 BGB berechnen sich die erforderlichen Kosten nach dem tatsächlichen Aufwand, der für die Umsetzung der Anordnung angefallen ist. Dieser ist auf Grundlage der Stundensätze nach Ziffer […] dieses Vertrages zu vergüten.[63]

4.9.4   Zusammenfassender Formulierungsvorschlag

Im Vertrag sollte daher für Leistungsänderung jedenfalls festgelegt werden:

- Abgrenzung, ab wann eine (zu vergütende) Leistungsänderung vorliegt
- Klare Regelung zum Anordnungsrecht des Auftraggebers
- Vergütungsmechanismus

Zusammenfassenden könnte eine Regelung z. B. so aussehen:

> Sobald die folgenden Planungs- und Leistungsabschnitte
>
> - …
> - …
> - …
>
> […]
>
> erreicht sind, werden diese als für die weiteren vom Auftragnehmer zu erbringenden Leistungen verbindlich dokumentiert.
>
> Der Auftragnehmer kann dem Auftraggeber das Erreichen der Planungs- und Leistungsabschnitte mitteilen (z. B. per E-Mail). Widerspricht der Auftraggeber dem Erreichen der mitgeteilten Planungs- und Leistungsabschnitte nicht innerhalb von 2 Wochen ab Zugang der Mitteilung, gilt sein Einverständnis zum Erreichen des Planungs- und Leistungsabschnitts als erteilt. Der Auftragnehmer ist verpflichtet den Auftraggeber auf die Bedeutung seines Verhaltens (z. B. eines fehlenden Widerspruchs und dem damit verbundenen Einverständnis) in der Mitteilung besonders hinzuweisen.[64]

---

[63]Wichtig ist nur, dass eine Regelung über die Ermittlung der Kosten für den Fall des § 650 c Abs. 1 Satz 1 BGB getroffen wird; die Ausgestaltung der Honorierung bleibt den Parteien überlassen.

[64]Dieser und der vorhergehende Satz sind notwendig, damit die Regelung eine Chance hat, wirksam zu sein, § 308 Nr. 5 BGB. Anderenfalls unterliegt sie einem hohen Unwirksamkeitsrisiko.

Verlangt der Auftraggeber eine Änderung eines als verbindlich festgestellten Planungs- und Leistungsabschnitts (z. B. nach § 650 b BGB), ist die Änderungsleistung gesondert zu vergüten; im Zweifel gelten die unter Ziffer [...] dieses Vertrags festgelegten Stundensätze.

Regelmäßig unwirksam sind Regelungen, welche jegliche Vergütung von Planungsänderungen an eine schriftliche Beauftragung knüpfen.[65]

4.10 Termine

In der Regel ist es dem Ingenieur aufgrund der Dynamik der kreativen Elemente sowie eines vorher nicht konkret bestimmbaren Planungsprozesses kaum möglich, Termine für die Erbringung seiner Planungsleistungen zuzusichern. Andererseits hat der Auftraggeber naturgemäß ein Interesse daran, dass bestimmte Termine eingehalten werden. Letztendlich führt eine effektive Baustelleabwicklung zu Zeit- und ggf. Kostenersparnis.

Für den Ingenieur führen verbindliche Termine dazu, dass nach ihrem – ergebnislosem – Ablauf Verzug (§ 286 BGB) eintritt und er Schadensersatzansprüchen ausgesetzt ist. Die Überschreitung von Terminen kann den Auftraggeber zudem zur außerordentlichen Kündigung berechtigen. Für den Auftraggeber ist eine Regelung zu Terminen aus diesen Gründen sinnvoll.

Allein die Grundleistung der Leistungsphase 5 „Fortschreiben des Terminplans"(Anlage 15 zu § 55 Abs. 3 HOAI) führt noch nicht dazu, dass die dortige Termine für die Vertragsparteien verbindlich sind; sie führen damit nicht die eben beschriebenen Rechtsfolgen herbei.[66]

Damit Termine rechtlich verbindlich werden, müssen sie

• zum einen eindeutig definiert werden, d. h. der Beginn/das Ende muss ohne weiteres bestimmbar sein. So reichen z. B. Formulierungen mit „oder", „und/oder" oder „generell nutzungsfähig erstellt", „nutzungsfähig ist, um Eigenleistungen auszuführen" kaum aus, um einer rechtlichen Überprüfung Stand zu halten.[67]

---

[65]OLG Stuttgart, Urteil vom 03.05.2007, 19 U 13/05.

[66]Gleiches gilt für die Grundleistungen der Objektplanung in der Leistungsphase 3 „Erstellen eines Terminplanes mit den wesentlichen Vorgängen des Planungs- und Bauablaufs".

[67]OLG Düsseldorf, Beschluss vom 27.07.2016, 22 U 54/16.

• Zum anderen muss eine Einigung über die Verbindlichkeit dieser Termine stattfinden (z. B. durch die Bezeichnung als „verbindliche Vertragsfristen").

Eine solche Vereinbarung ist auch nachträglich möglich (z. B. zum Zeitpunkt des Vertragsabschlusses liegt noch kein Terminplan vor). Solche Regelungen können insbesondere Mechanismen vorsehen, die es dem Auftraggeber ermögliche, verbindliche Fristen einseitig festzulegen. Solche Regelungen sind nicht von vornherein unwirksam; ihnen ist daher aus Sicht des Ingenieur ebenso mit Bedacht zu begegnen:

Legt der Auftragnehmer nicht spätestens innerhalb von 2 Wochen nach Vertragsabschluss einen Terminplan vor oder wird keine Einigung über die Termine innerhalb dieser Frist getroffen, ist der Auftraggeber berechtigt, nach billigem Ermessen einseitig einen Terminplan mit verbindlichen Anfangs-, Zwischen- und Endfristen für die vom Auftragnehmer zu erbringenden Leistungen festzulegen.[68]

4.10.1 Verhandlungssache

Aufgrund der diametralen Interessenlage der Parteien ist hier vieles Verhandlungssache und eine Frage der Perspektive. Auch die Größe des Projekts hat maßgeblichen Einfluss darauf, ob und wenn ja, wie eine Regelung zu Terminen ausfällt. Bei Großbauvorhaben sind umfassende Terminregelungen üblich, bei Ein- oder Mehrfamilienhäusern regelmäßig nicht.

Einen gesunden Mittelweg kann z. B. immer die Vereinbarung eines groben Rahmenterminplanes darstellen mit der Pflicht des Ingenieurs, bei absehbaren Verzögerungen diese dem Auftraggeber mit Begründung sowie etwaigen Gegenmaßnahmen mitzuteilen:

Der Auftragnehmer hat seine Planung nach Rahmenterminplan vom TT.MM.JJJJ zu erbringen; dieser ist diesem Vertrag als Anlage XX beigefügt; die dortigen Fristen gelten nicht als Vertragsfristen.

Sofern absehbar ist, dass die dortigen Termine nicht eingehalten werden können, hat der Auftragnehmer dies dem Auftraggeber unverzüglich schriftlich mit Begründung und mit Vorschlägen dazu mitzuteilen, wie die Termine dennoch eingehalten werden können. Dies gilt auch, wenn die Nichteinhaltung der Termine offensichtlich ist oder dem Auftraggeber hätte bekannt sein müssen.

---

[68]Nach Lederer und Heymann 2011, 209.

4.10.2 Kein Versicherungsschutz

Bei alledem darf aber nicht außer Acht gelassen werden, dass nach der Ausschlussklausel in Ziffer A. 4.1. der BBR/Arch[69] der Versicherungsschutz des Ingenieurs für Schäden

> aus der Überschreitung der Bauzeit sowie von Fristen und Terminen

ausgeschlossen ist. Die Abklärung von Regelungen zu Vertragsterminen mit der Versicherung des Ingenieurs ist daher vor ihrer Vereinbarung ebenfalls zwingend.[70]

4.11   Allgemeine Pflichten der Parteien

Oftmals wiederholen Regelungen zu den „allgemeinen Pflichten der Parteien" gesetzliche oder sich aus der Rechtsprechung ergebene Pflichten.[71] Ihre Aufnahme in den Vertrag ist daher überflüssig, solange nicht die Besonderheiten des Projekts Regelungen hierzu verlangen.

Folgende Dinge sollten – neben den obigen Darstellungen unter Abschn. 4.6.2 – indes immer bedacht werden:

4.11.1 Vertretung/Weisungsbefugnisse

Überlegenswert sind Regelungen zur Vertretung des Auftraggebers durch den Ingenieur. So z. B.:

> Zur rechtsgeschäftlichen Vertretung des Auftraggebers ist der Auftragnehmer nicht befugt.[72]

---

[69]Besondere Bedingungen und Risikobeschreibungen für die Berufshaftpflichtversicherung von Architekten, Bauingenieuren und Beratenden Ingenieuren.

[70]Vgl. hierzu oben Abschn. 4.8.1.

[71]Z. B. Koordinierung, Beratung zur Einschaltung von Sonderfachleuten, Herausgabe von Unterlagen.

[72]Flankierend sollte zur Vermeidung von Anscheins- oder Duldungsvollmachten in den Verträgen mit den ausführenden Unternehmen enthalten sein, dass der Ingenieur nicht zur Vertretung des Auftraggebers berechtig ist.

Diese Regelung kann man wie folgt ergänzen:

Der Auftragnehmer hat im Rahmen seiner Leistungspflichten die Rechte des Auftraggebers zu wahren, v. a. ist er befugt, den am Bau Beteiligten die notwendigen
technischen Weisungen zu erteilen. Finanzielle Verpflichtungen oder kosten-
erhöhende Maßnahmen darf der Auftragnehmer nur anordnen, wenn Gefahr im Verzug ist und Zustimmung des Auftraggebers nicht rechtzeitig zu erlangen war.

4.11.2 Teilnahme an Jour-Fixe-Terminen

Der Auftragnehmer ist verpflichtet, an den seitens des Auftraggebers anberaumten
Jour-Fixe-Terminen teilzunehmen; dies jedenfalls immer durch einen fachlich
geeigneten und mit dem Projekt vertrauten Mitarbeiter.

4.12 Honorar

Sinnvoll ist eine Regelung zum Honorar dann, wenn auch nur eine der Vertragsparteien ein Interesse hat, ein Honorar oberhalb der Mindestsätze zu vereinbaren;
regelmäßig ist dies der Ingenieur. Eine solche Regelung ist dann angesichts des
§ 7 Abs. 1 HOAI rechtlich zwingend geboten.[73] Wird eine solche Honorarvereinbarung nicht schriftlich bei Auftragserteilung getroffen, steht dem Ingenieur nur
der HOAI-Mindestsatz zu (§ 7 Abs. 5 HOAI).

In diesem Zusammenhang bleibt abzuwarten, wie sich das von der EU-
Kommission am 17.11.2016 eingeleitete Vertragsverletzungsverfahren gegen den
Mindest- und Höchstpreischarakter der HOAI auswirken wird.[74]

4.12.1 Systematik der Honorarvereinbarung

§ 6 Abs. 1 HOAI gibt die für die Honorarberechnung vier notwendige Kompo-
nenten vor:

- Anrechenbare Kosten des Objekts (§§ 54 Abs. 1, 4 HOAI)
- Honorarzone des Objekts (§ 5 HOAI)

---

[73]Vgl. oben Abschn. 4.1.2.
[74]Pressemitteilung der Europäischen Kommission vom 18.06.2015 und 17.11.2016 sowie
das Aufforderungsschreiben der Europäischen Kommission vom 19.06.2015.

- Stehen diese beiden Kriterien fest, kann aus der Honorartafel der Mindest- und Höchstsatz des Honorars entnommen werden.
- Damit ist die Berechnung aber noch nicht zu Ende: nun sind die tatsächlich erbrachten Leistungen anhand der für die Leistungsphasen vorgesehenen Prozentsätze zu bewerten (§ 3 HOAI). Die HOAI enthält indes keine Einzelbewertung der Grundleistungen (und damit der Teilerfolge)[75], aus denen sich die jeweilige Leistungsphase zusammensetzt. Sie wirft nur Prozentsätze für die gesamte Leistungsphase aus (z. B. § 55 Abs. 1 HOAI). Für die Bewertung der einzelnen Grundleistungen ist nicht zwingend auf eine bestimmte hierfür von Fachleuten herausgegebene Teilleistungstabelle abzustellen. Der BGH lässt ausdrücklich zu, dass die Bewertung nach der Steinfort-Tabelle oder ähnlichen Berechnungswerken (z. B. in den Anhängen der gängigen HOAI-Kommentare, wie Pott/Dahlhoff/Kniffka oder Locher/Koeble/Frik) vorgenommen werden können.[76]

Sofern im Bestand gebaut wird, fordert § 6 Abs. 2 HOAI eine zusätzliche Komponente:

- Es sind die Angaben des § 6 Abs. 2 HOAI und des § 55 Abs. 5 HOAI zu beachten.

Aus dieser Systematik ergibt sich folglich, dass der Ingenieurvertrag zu diesen Punkten Regelungen enthalten kann. Auf diese wird im Folgenden eingegangen.

▶ **Tipp** Hält man dieses System in den Honorarabrechnungen ein, kann man Prüfbarkeitsdefizite von Honorarabrechnungen minimieren. Der BGH stellt für die Prüfbarkeit der Honorarabrechnung darauf ab, dass insbesondere die Schlussrechnung entsprechend den Bestimmungen der HOAI in der Weise aufschlüsselt sein muss, dass sie vom Auftraggeber auf rechtliche und rechnerische Richtigkeit überprüft werden kann.[77] Dies sind jedenfalls die Parameter des § 6 HOAI.

---

[75]Vgl. hierzu oben Abschn. 4.7.2.
[76]BGH, Urteil vom 16.12.2004, VII ZR 174/03.
[77]BGH, Urteil vom 27.11.2003, VII ZR 288/02.

4.12.2 Die anrechenbaren Kosten

Die anrechenbaren Kosten sind nach §§ 54 Abs. 1, 4 Abs. 1 HOAI auf Grundlage der DIN 276 in der Fassung Dezember 2008 getrennt für jede Anlagegruppe zu ermitteln. Maßgebend für das Honorar sind danach die Tafelwerte für die einzelnen Anlagengruppen.[78] Die hierfür notwendige Kostenberechnungen muss mindestens bis zur zweiten Ebene der Kostengliederung vorgenommen werden (§ 2 Abs. 11 Satz 3 HOAI).

Diese Ermittlung ist jedenfalls der Schlussrechnung beizufügen und muss zwingend auf Grundlage der Kostenberechnung erfolgen; anderenfalls ist sie nicht prüffähig und auch sachlich falsch. Dies gilt sinngemäß für Abschlagsrechnungen: diesen ist die derzeit vorliegende Kostenberechnung beizufügen.[79]

Vielfach ist Streitpunkt, ob die Ermittlung der anrechenbaren Kosten diesen Vorgaben genügt. Um dem vorzubeugen ist denkbar, dass abweichende und für die Vertragsparteien transparente Anforderungen an die Ermittlung und Darstellung der anrechenbaren Kosten vereinbart werden. Denn häufig klären gerichtliche Sachverständige die Frage, ob die anrechenbaren Kosten ordnungsgemäß auf Basis der HOAI ermittelt sind. Auch wird die Verweisung auf die DIN 276 Fassung Dezember 2008 überwiegend als dynamisch eingestuft (Kniffka/Koeble, 2014, 12. Teil, Rz. 283 m. w. N.). Dies hat zur Folge, dass die zum Zeitpunkt der Aufstellung der Kostenberechnung maßgebliche Fassung der DIN 276 anzuwenden wäre. Dies bringt weitere Unsicherheit für die Vertragsparteien.

Denkbar wäre z. B.:

Für die Ermittlung der anrechenbaren Kosten gilt ausschließlich die DIN 276 Fassung Dezember 2008.

Die anrechenbaren Kosten auf Grundlage der Kostenberechnung sind maximal bis zu deren zweiter Ebene und auf Grundlage der Kostenschätzung bis zu deren erster Ebene aufzuschlüsseln. Weitere Prüfbarkeitsanforderungen an die anrechenbaren Kosten bestehen nicht.

Abschlagsforderungen kann der Auftragnehmer bis zu dem Zeitpunkt, zu dem die Kostenberechnung bei ordnungsgemäßem Vertragsverlauf erstellt werden muss, auf Basis einer Kostenschätzung verlangen.

---

[78]BGH, vom 08.03.2012, VII ZR 195/09, Rz. 10 für die HOAI 2009.
[79]BGH, Urteil vom 16.02.2005, XII ZR 269/01.

▶ **Tipp** Teilweise stellen ähnliche Regelungen, v. a. für die Geltendmachung von Abschlagsrechnungen, auf mit dem Auftraggeber
abgestimmte Kostenbudgets etc. ab. Solche Regelungen können ein
Indiz dahin gehend sein, dass mit dem Auftraggeber die Einhaltung
von Baukosten als Beschaffenheit vereinbart ist.[80] Ihnen ist daher aus
Sicht des Ingenieurs mit Bedacht zu begegnen; jedenfalls wäre eine
dem zweiten Formulierungsbeispiel in Ziffer 4.8.2 entsprechende Klarstellung aufzunehmen.

4.12.3 Die Honorarzone

Die Einordnung in die maßgebliche Honorarzone können die Vertragsparteien
nur in einem sehr engen Rahmen beeinflussen. Denn welche Honorarzone – als
Teil des bindenden Preisrechts der HOAI – vorliegt, bemisst sich allein nach
den objektiven Kriterien der §§ 5, 56 Abs. 2 – Abs. 4 HOAI. Nur soweit die Vertragsparteien im Rahmen des ihnen durch die HOAI eröffneten Beurteilungs-
spielraums eine vertretbare Festlegung der Honorarzone vorgesehen haben, ist
diese vom Richter regelmäßig zu beachten.[81] Die oberlandesgerichtliche Rechtsprechung hat insoweit eine Abweichung um ein bis zwei Bewertungspunkte für
noch zulässig erachtet.[82] Diese Rechtsprechung ist aber nicht kritikfrei geblieben
(Fuchs, 2015). Vereinbarungen über die Honorarzone unterliegen daher einem
Unwirksamkeitsrisiko, v. a. wenn die objektiv angemessene Honorarzone deutlich
verlassen wird. Individuelle Vereinbarungen über die Honorarzone dürften daher
nur dann wirksam sein, wenn selbst ein Sachverständiger die Bewertung einzelner Merkmale nicht eindeutig vornehmen kann.

Möglich erscheint insoweit nur z. B. folgende Formulierung:

> Die Parteien vereinbaren für das Objekt die Honorarzone [...]. Dieser Vereinbarung
> liegt eine gemeinsame Bewertung des Objekts unter Einbeziehung sachverständiger
> Hilfe nach den Vorgaben der §§ 5, 56 HOAI zugrunde.

---

[80]Vgl. oben Abschn. 4.8.2.
[81]BGH, Urteil vom 13.11.2003, VII ZR 362/02.
[82]OLG Hamm, Urteil vom 13.01.2015, 24 U 136/12.

4.12.4 Der Honorarsatz

Die Vereinbarung des Honorarsatzes obliegt allein den Vertragsparteien. Sie können innerhalb der durch den Mindest- und Höchstsatz (§ 7 Abs. 1 HOAI) gesetzten Grenzen frei vereinbaren, wie der Honorarsatz aussieht.

Wichtig ist ferner, dass diese Vereinbarung wiederum schriftlich bei Auftragserteilung getroffen wird.[83] Anderenfalls ist sie allein wegen formaler Mängel unwirksam mit der Folge, dass lediglich der Mindestsatz zu vergüten ist (§ 7 Abs. 5 HOAI).

4.12.5 Umbauzuschlag

Nach § 6 Abs. 2 Satz 4 HOAI wird unwiderlegbar vermutet, dass der Umbauzuschlag 20 % beträgt, sofern keine abweichende schriftliche Vereinbarung getroffen wurde. Die Parteien können nach § 56 Abs. 5 HOAI einen Umbauzuschlag bis 50 % vereinbaren.[84] Über den Zeitpunkt, wann diese Vereinbarung zu treffen ist (z. B. bei Auftragserteilung, vgl. hierzu oben unter Ziffer 4.1.2) schweigt die HOAI. Es kann daher die Auffassung vertreten werden, dass die Vereinbarung des Umbauzuschlags ebenfalls „bei" Auftragserteilung zu treffen ist (Locher et al. 2017, § 6 Rz. 55 m. w. N.).

Daraus folgt zweierlei:

- Sofern ein 20 % übersteigender Umbauzuschlag vereinbart werden soll, hat dies schriftlich
- „bei" Auftragserteilung

zu erfolgen. Anderenfalls verbleibt es bei der Vermutung des § 6 Abs. 2 Satz 4 HOAI, dass nur 20 % zu bezahlen sind.

Der Umbauzuschlag nach §§ 56 Abs. 5, 6 Abs. 2 Satz 4 HOAI wird mit [...] vereinbart.

Die 20 % – Grenze in § 6 Abs. 2 Satz 4 HOAI ist hingegen nicht als Mindestgrenze zu verstehen (Werner und Wagner 2014). Es ist also möglich, dass die

---

[83]Vgl. oben Abschn. 4.1.2.

[84]Der Architekt kann nur maximal 33 % verlangen, § 36 Abs. 1 HOAI.

Vertragsparteien einen geringeren Umbauzuschlag vereinbaren. Nur im Fall des Nichtvorliegens einer Vereinbarung verbleibt es bei 20 %.

Zudem versteht sich die Regelung bei Abrechnung auf Grundlage der Mindestsätze und fehlender Vereinbarung eines Umbauzuschlages nicht als „Mindestzuschlag", der jedenfalls zu bezahlen ist. Die Regelung greift bei einer Abrechnung auf Grundlage der Mindestsätze (z. B. weil die vertragliche Honorarvereinbarung diese unterschritten hat), nicht ein (Locher et al. 2017, § 6, Rz. 54).

4.12.6 Alternative Honorarmodelle

Üblich sind ferner Pauschalhonorarvereinbarungen. Sie bergen indes die Gefahr, dass die Pauschale unter die Mindestsätze rutscht, da sich z. B. im Bauverlauf die anrechenbaren Kosten gegenüber denjenigen, die man bei der Ermittlung der Pauschale zugrunde gelegt hat, erhöhen. Die Pauschalhonorarvereinbarung ist dann unabhängig von der Vorhersehbarkeit solcher Kostenerhöhungen aufgrund Unterschreitung der HOAI-Mindestsätze nach § 7 Abs. 1 HOAI unwirksam.

Eine Möglichkeit ist, dass man durch eine Regelung versucht, das Unwirksamkeitsrisiko der Pauschale aufzufangen:

> Tritt eine Veränderung der bei Vereinbarung des Pauschalhonorars zugrunde gelegten Kosten gegenüber den aktuell vorhandenen Kostenschätzungen oder – Berechnungen von +/− 20% auf, ist die Pauschalhonorarvereinbarung hieran anzupassen, v. a. derart, dass die Mindest- und Höchstsätze der HOAI auch bis zur vollständigen Erbringung der Leistungen des Auftragnehmers eingehalten sind.

Ein andere Möglichkeit für den die Unwirksamkeit am empfindlichsten treffenden Auftraggeber wäre, dass er behauptet, er habe auf die Wirksamkeit der Pauschalhonorarvereinbarung vertraut und sich allein auf Bezahlung des Pauschalhonorars in schutzwürdiger Weise eingerichtet. Allein der Umstand, dass der Auftraggeber die unwirksame Pauschalhonorarvereinbarung vorgeschlagen hat, genügt hierfür nicht.[85] Es bedarf vielmehr konkreter Umstände aus denen deutlich erkennbar wird, dass der Auftraggeber mit dem Pauschalhonorar fest kalkuliert hat (z. B. seine Finanzierung und Preiskalkulation vollständig daran ausgerichtet hat). Derartiges kann nur durch eine individuell gestaltete und verhandelte Regelung versucht werden, zu erreichen.

---

[85]OLG München, Urteil vom 04.12.2012, 9 U 255/12 und auch oben Abschn. 4.1.2 am Ende.

Eine Abrechnung nach Zeit sieht die HOAI zwar nicht ausdrücklich vor (z. B. nach Stundensätzen). Sie ist aber ungeachtet dessen möglich, sofern sie sich im Rahmen der Mindest- und Höchstsätze bewegt.[86] Hinsichtlich der Höhe des Stundensatzes unterliegen die Vertragsparteien ebenso keinen Vorgaben, sie können sie also frei vereinbaren.

> **Tipp** Auch eine Abrechnung nach Zeit muss prüfbar sein. Hierfür genügt es zunächst, die erbrachten Leistungen zu beschreiben und darzulegen, wie viele Stunden für was angefallen sind (Locher et al. 2017, § 15 Rz. 55). Der nach Zeitaufwand abrechnende Ingenieur hat daher eine ordnungsgemäße Zeiterfassung vorzuhalten, welche neben Tag, Dauer und möglichst genauer Beschreibung der Tätigkeit, den jeweiligen Sachbearbeiter erkennen lässt.
>
> Darüber hinaus begründet die Vereinbarung einer Abrechnung nach Zeit die Pflicht des Ingenieurs zur wirtschaftlichen Betriebsführung. Wird hiergegen verstoßen, kann dies u. a. zu einem das eigene Honorar mindernden Schadensersatzanspruch des Auftraggebers führen.[87]

4.12.7 Vergütung von Bauzeitverlängerungen

Die HOAI enthält in § 7 Abs. 4 den Hinweis darauf, dass die Höchstsätze bei ungewöhnlich lange andauernden Grundleistungen durch schriftliche Vereinbarung überschritten werden dürfen. Einen Anspruch des Ingenieurs auf Vergütung einer Bauzeitverlängerung beinhaltet § 7 Abs. 4 HOAI bereits daher nicht. Auch angesichts der schwer zu begründenden Vergütungsansprüche für eine Bauzeitverlängerung bedarf es einer vertraglichen Regelung.[88] Eine solche Regelung gibt beiden Vertragsparteien Honorarsicherheit und beugt Streitigkeiten vor.

Angesichts der hohen Komplexität solcher Regelungen ist hier nur Platz für ein einfaches Beispiel:

Die Parteien gehen von einer Bauzeit ab Vertragsunterzeichnung bis zur rechtsgeschäftlichen Abnahme der letzten bauausführenden Leistung von […] Monaten aus. Diese Bauzeit ist Grundlage der Honorarvereinbarungen dieses Vertrages.

---

[86]BGH, Urteil vom 17.04.2009, VII ZR 164/07.

[87]BGH, Urteil vom 17.04.2009, VII ZR 164/07.

[88]Ein Auftraggeber wird diesen regelmäßig – richtigerweise – begegnen, die Honorarberechnung auf Grundlage der HOAI enthalte keinen zeitabhängigen Faktor, weshalb solche Ansprüche mit dem vereinbarten Honorar abgegolten sind.

Verlängert sich die Bauzeit aus Gründen, die der Auftragnehmer weder zu vertreten hat, noch ihm sonst zuzurechnen sind, um […] Monate, steht im für diese Verlängerung kein zusätzliches Honorar zu.

Für jeden darüber hinausgehenden Tag kann der Auftragnehmer hingegen eine zusätzliche Vergütung von EUR […] verlangen, jedoch maximal EUR […].

Insbesondere die Regelung der zusätzlichen Vergütung für den verlängerten Zeitraum kann in vielfachen Varianten ausgestaltet werden. Für den Ingenieur ist es jedoch wichtig, dass die Regelung transparent vorschreibt, wie das zusätzliche Honorar zu ermitteln ist.[89]
Letztendlich muss diese Vereinbarung ebenfalls

- „bei" Auftragserteilung getroffen werden.[90]

Anderenfalls ist auch sie allein wegen formeller Fehler unwirksam und es können aus ihr keine Ansprüche hergeleitet werden.[91] Der Ingenieur ist gut beraten, eine solche Klausel in den seinen Vertrag hinein zu verhandeln; eine nachträgliche Regelung, z. B. erst bei Erkennbarkeit der Bauzeitverlängerung, hilft ihm nicht.

4.12.8 Nebenkosten

Da eine Abrechnung der Nebenkosten nach § 14 Abs. 3 HOAI aufwendig und organisatorisch anspruchsvoll sein kann, ist eine Vereinbarung über eine

- pauschale Abrechnung der Nebenkosten

regelmäßig vorzugswürdig. Ohne eine ausdrückliche Vereinbarung einer pauschalen Nebenkostenabrechnung ist ihr pauschaler Ansatz in den Abrechnungen nicht berechtigt – schon gar nicht, weil dies üblich sei. Daher sollte z. B. folgende Regelung gewählt werden:

Alle Nebenkosten des Auftragnehmers werden pauschal mit […] % des Nettohonorars aller beauftragten Leistungen erstattet.

---

[89]Anderenfalls ist Streit über die Art und Weise der Ermittlung des zusätzlichen Honorars vorprogrammiert; hierbei hat der Auftraggeber i. d. R. die besseren Chancen, den zusätzlichen Vergütungsanspruch abzuwehren.
[90]BGH, Urteil vom 30.09.2004, VII ZR 456/01.
[91]Vgl. oben Abschn. 4.1.2.

4.13 Abnahme

Eine Abnahme der Ingenieursleistungen ist wegen folgender Rechtswirkungen insbesondere für den Ingenieur dringend anzuraten:

- Fälligkeit der Schlussrechnung, § 15 Abs. 1 HOAI[92]
- Umkehr der Beweislast, d. h. der Auftraggeber hat den Nachweis zu führen, dass Planungsfehler vorliegen
- Übergang des Risikos des zufälligen Untergang der Planungsergebnisse auf den Auftraggeber
- Beginn der Verjährung der Gewährleistungsansprüche

4.13.1 Die Handhabung in der Praxis

Ein auch heute noch weit verbreiteter Irrtum ist, dass Ingenieurleistungen nicht abgenommen werden müssen. Sie sind – wie jede andere Bauleistung auch – nach § 640 BGB abzunehmen. Die Leistungen aus Architekten- und Ingenieurverträgen sind abnahmefähig.[93] Auch hat der Ingenieur grundsätzlich einen Anspruch auf Abnahme, wenn er seine Leistung vertragsgemäß fertig gestellt hat.[94] Es gelten also für den Ingenieurvertrag keine Besonderheiten.

Das Problem liegt vielmehr darin, dass die Leistungen des Ingenieurs selten – wie z. B. bei Bauleistungen – ausdrücklich abgenommen werden und die Vertragsparteien auch nicht – wie es durchaus möglich ist – eine Teilabnahmepflicht vereinbaren. Eine Regelung zur Abnahme ist daher und auch, weil nach § 15 Abs. 1 HOAI[95] die Abnahme Voraussetzung für die Zahlung der Schlussrechnung ist, in Ingenieurverträgen unverzichtbar.[96]

---

[92]So auch § 650 g Abs. 4 Satz 1 Nr. 1 BGB, der auf den Ingenieurvertrag über 650 q Abs. 1 BGB anzuwenden ist.

[93]BGH, Urteil vom 02.03.1972, VII ZR 146/70.

[94]BGH, Urteil vom 30.09.1999, VII ZR 162/97.

[95]So auch § 650 g Abs. 4 Satz 1 Nr. 1 BGB, der auf den Ingenieurvertrag über 650 q Abs. 1 BGB anzuwenden ist.

[96]Für Abschlagsrechnungen kommt es nicht auf die Abnahme an. Die mit ihr abgerechneten Leistungen müssen „nur" abnahmefähig, d. h. im Wesentlichen mangelfrei erbracht sein (BGH, Urteil vom 31.01.1974, VII ZR 99/73).

4.13.2 Teilabnahme

Durch die Baurechtsreform wurde mit Wirkung zum 01.01.2018 für Ingenieur-vertrag eine Sonderregelung in § 650 s BGB zur Abnahme eingefügt:

> Der Unternehmer kann ab der Abnahme der letzten Leistung des bauausführenden Unternehmers oder der bauausführenden Unternehmer eine Abnahme der von ihm bis dahin erbrachten Leistungen verlangen.

Der Ingenieur kann danach eine Teilabnahme seiner Leistungen verlangen, wenn die bauausführenden Arbeiten im Hinblick auf die Anlagengruppen des § 53 HOAI, die Gegenstand seines Ingenieurvertrages sind, ausgeführt und abgenommen wurden (Kniffka 2017b, 1875).

Die Regelung ist zu begrüßen: Ihr Zweck ist primär, dass der Beginn der Ver-jährung von Ansprüchen des Auftraggebers wegen Planungs- und Überwachungs-mängeln an die Verjährung von Bauausführungsmängeln angeglichen wird. Sie führt aber ggf. zu einem Schnittstellenproblem, denn die Abnahme würde wäh-rend der laufenden Objektüberwachung erfolgen. Allerdings ist diese Regelung nicht als Pflicht des Auftraggebers ausgestaltet, die Planungsleistungen abzu-nehmen, sofern keine wesentlichen Mängel vorliegen. Auch durch ihre Ein-führung wird sich daher nicht viel daran ändern, dass man eine Regelung zur Abnahme in Ingenieurverträgen aufnehmen sollte.

4.13.3 Regelungsvorschlag

Denkbar ist daher z. B., dass man die Abnahme folgendermaßen formuliert:

> Der Auftraggeber ist zur Abnahme verpflichtet, sofern keine wesentlichen Mängel vorliegen. Die Abnahme soll schriftlich dokumentiert werden.

> Teilabnahmen sind zulässig, insbesondere nach Abschluss jeder Leistungsphase.[97]

> Obliegt dem Auftragnehmer auch die Objektbetreuung und Dokumentation (Leistungsphase 9 gem. HOAI), nimmt der Auftraggeber diese gesondert nach ihrem Abschluss ab.

---

[97]Über teilabgenommen Leistungen ist dann eine Teilschlussrechnung zu stellen. Diese muss die gleichen Anforderungen erfüllen, wie eine Schlussrechnung, v. a. auch in diesem Maß prüfbar sein.

Der Auftragnehmer kann dem Auftraggeber die Fertigstellung seiner (Teil-) Leistungen schriftlich mitteilen.

Widerspricht der Auftraggeber der Fertigstellung nicht innerhalb von 2 Wochen ab Zugang der Mitteilung (z. B. durch Aufzeigen wesentlicher Mängel oder wesentlicher Unvollständigkeiten der Planung), gilt sein Einverständnis zur wesentlichen Mangelfreiheit der (Teil-) Leistung als erteilt.

Der Auftragnehmer ist verpflichtet den Auftraggeber auf die Bedeutung seines Verhaltens (z. B. eines fehlenden Widerspruchs und dem damit verbundenen Einverständnis) in der Mitteilung besonders hinzuweisen.[98]

Hingegen dürften Regelungen, die vom Teilabnahmeanspruch des Ingenieurs zu weit abweichen (z. B. Ausschluss, Teilabnahme erst nach Abschluss der Leistungsphase 8) unwirksam sein. Sie entfernen sich wohl zu weit vom gesetzlichen Leitbild, welches als maßgeblichen Zeitpunkt für die Teilabnahme auf die Abnahme der Arbeiten der ausführenden Unternehmen abstellt (vgl. Kniffka 2017b, 1877).

4.14 Zahlungen

Die HOAI enthält in § 15 eine klare Regelung, wann Zahlungen zu erfolgen haben. Die Schlussrechnung ist nach § 15 Abs. 1 HOAI zu bezahlen, sofern

- die Planungsleistungen abgenommen sind[99] und
- eine (prüffähige) Schlussrechnung übergeben ist.

Für Abschlagsrechnungen gilt § 15 Abs. 2 HOAI. Diese ist zu bezahlen, wenn

- die mit ihr abgerechneten Leistungen abnahmefähig, d. h. im Wesentlichen mangelfrei sind und
- eine (prüffähige) Abschlagsrechnung übergeben ist.

---

[98]Dieser und der vorhergehende Satz sind notwendig, damit die Regelung eine Chance hat, wirksam zu sein, § 308 Nr. BGB. Anderenfalls unterliegt sie einem hohen Unwirksamkeitsrisiko.

[99]Vgl. oben Abschn. 4.13.

▶ **Tipp** § 650 g Abs. 4 Satz 3 BGB regelt nun ausdrücklich, dass der Auftraggeber nach Zugang der Schlussrechnung 30 Tage Zeit hat, diese zu prüfen und „begründete Einwendungen gegen ihre Prüfbarkeit zu erheben" hat. Diese Regelung gilt über § 650 q Abs. 1 BGB auch für den Ingenieurvertrag.

Damit wird die Prüffrist auf 30 Tage festgeschrieben[100] und zudem gesetzlich normiert, dass eine pauschale Zurückweisung der Schlussrechnung als nicht prüfbar, nicht ausreicht, um deren Fälligkeit zu verhindern.

4.14.1 Regelungen zur Schlussrechnung

Eine explizite Regelung, wann die Schlussrechnung zu bezahlen ist, ist nicht zwingend notwendig, aber zur Klarstellung sinnvoll.

Die Zahlungspflicht ergibt sich zudem aus dem Zusammenspiel der Regelungen über das Honorar[101] und der Regelungen über die Abnahme[102].

4.14.2 Regelungen über Abschlagsrechnungen

Zu empfehlen ist eine ausdrückliche schriftliche Vereinbarung über die Zeitpunkte, zu denen Abschlagszahlungen verlangt werden können. Anderenfalls können Abschlagszahlungen nur in angemessenen zeitlichen Abständen gefordert werden. Und was „zeitlich angemessen" ist, lässt sich nicht generell bestimmen; es kommt entscheidend auf den Einzelfall an, z. B. Dauer Größe, Zuschnitt des Projekts (Locher et al. 2017, § 15 Rz. 102).

---

[100]Eine Verlängerungsmöglichkeit auf 60 Tage, wie es z. B. § 16 Abs. 3 Nr. 1 VOB/B vorsieht, besteht daher nicht.

[101]Vgl. obige Abschn. 4.12.2, welche die Anforderungen an die Prüfbarkeit beschreibt.

[102]Vgl. obige Abschn. 4.13.

4.14.3 Regelungsvorschlag

Eine denkbare Variante, die Zahlungen zu regeln, sieht wie folgt aus:

Das Schlusshonorar wird fällig, wenn die Leistungen abgenommen sind und eine
prüffähige Rechnung überreicht ist. Dem Auftraggeber steht ein Prüfungszeitraum
von 28 Tagen ab Zugang der Rechnung zu. Nach dessen Ablauf zuzüglich weiterer
maximal 5 Tagen ist das Schlusshonorar zur Zahlung fällig.

Abschlagszahlungen kann der Auftragnehmer mit Erreichen der nachfolgend dargestellten Leistungen verlangen:

- ...
- ...
- ...

[...]

Er hat hierüber gleichfalls prüffähig abzurechnen; hierfür reicht es aus, wenn der
Unterlagen mit der Rechnung überreicht, aus denen sich der Leistungsstand transparent ableiten lässt (z. B. Berichte, Genehmigungen, Unterlagen der ausführenden
Unternehmen). Die Abschlagsrechnung wird 14 Tage nach Eingang beim Auftraggeber zur Zahlung fällig.

4.14.4 Sicherheitseinbehalte?

Regelungen von Einbehalten in Höhe von 10 % in AGBs für erbrachte Leistungen
der Leistungsphasen 1 bis 8 hat der BGH für unwirksam gehalten.[103]

Auch geht der BGH bisher davon aus, dass den Regelungen zur Abschlagszahlung in § 15 Abs. 2 HOAI Leitbildcharakter zukommt.[104] Dies bedeutet,
dass Regelungen zu Sicherheitseinbehalten von Abschlagszahlungen ebenfalls ein Unwirksamkeitsrisiko immanent ist. Im Jahr 2005 hat der BGH weiter entschieden, dass eine Klausel in AGBs des Auftraggebers, nach welcher
dem Auftragnehmer 95 % des Honorars für die nachgewiesenen Leistungen als
Abschlagszahlung zustehen sollten, unwirksam ist.[105]

---

[103]Urteil vom 09.07.1981, VII ZR 139/80.

[104]Beschluss vom 22.12.2005, VII ZB 84/05.

[105]Beschluss vom 22.12.2005, VII ZB 84/05.

Auch in der Literatur wird die Regelung von Sicherheitseinbehalten skeptisch gesehen: Der Auftraggeber habe keinen sachlichen Grund, sie zu verlangen. Der Ingenieur unterliege einer Versicherungspflicht und daher könne im Insolvenzfall die Versicherung direkt in Anspruch genommen werden (Locher et al. 2017, § 15 Rz. 114).

- Einer Regelung zu Sicherheitseinbehalten ist daher mit Zurückhaltung zu begegnen. Jedenfalls muss sie sorgfältig auf ihre Wirksamkeit hin überprüft werden.

4.15 Sicherheiten

Abhängig von der Größe des Projekts verlangt der Auftraggeber die Vereinbarung von Vertragserfüllungs- und/oder Gewährleistungssicherheiten. Derartige Regelungen bedürfen einer detaillierten Ausarbeitung und Verhandlungen. Sie werden daher in diesem *essential* nicht weiter behandelt.

Dem Auftragnehmer steht unabhängig davon die Möglichkeit offen, eine Sicherheit für die vereinbarte und noch nicht bezahlte Vergütung zu verlangen, § 650 f BGB. Sie kann ein praktikables Mittel darstellen, Auftraggeber zur Zahlung zu bewegen. Die Regelung des § 650 f BGB kann vertraglich nicht ausgeschlossen werden, § 650 f Abs. 7 BGB. Allerdings findet sich keine Anwendung bei Aufträgen der öffentlichen Hand und bei Verbrauchern, sofern diese einen Verbraucherbauvertrag (§ 650 i BGB) oder einen Bauträgervertrag (§ 650 u BGB) abgeschlossen haben, § 650 f Abs. 6 BGB.

Hingegen kann die für den Auftraggeber viel schärfere Möglichkeit, eine Sicherungshypothek auf dem Baugrundstück zu erwirken (§ 650 e BGB), vertraglich ausgeschlossen werden. Ein solcher Ausschluss ist für den Ingenieur umso ärgerlicher, da er eine Hypothek auch von Verbrauchern in den eben genannten Fällen des § 650 f Abs. 6 BGB verlangen kann.

Für die Vertragsgestaltung gilt daher:

- § 650 f BGB kann nicht ausgeschlossen werden; eine dahin gehende Vereinbarung ist unwirksam.
- § 650 e BGB kann ausgeschlossen werden. Es ist daher aus Sicht des Ingenieurs darauf zu achten, dass diese Regelung nicht etwa durch den Satz „§ 650 e BGB gilt nicht" ausgeschlossen ist. Der AG sollte indes darauf bedacht sein, einen Ausschluss des § 650 e BGB zu erreichen, sofern er zugleich Eigentümer des Baugrundstücks ist.

4.16   Mängelrechte/Gewährleistung

Immer wieder liegt der Fokus v. a. des Ingenieurs darauf, seine Gewährleistung
so gut als möglich einzugrenzen. So verständlich dieses Anliegen ist, so schlecht
lässt es sich insbesondere in AGBs durchsetzen. Gewährleistungs- und haftungs-
begrenzende Regelungen unterliegen strengen gesetzlichen Restriktionen, sofern
AGBs vorliegen.[106] Daher sind viele solcher Regelungen im Ingenieurvertrag
unwirksam, unterliegen jedenfalls einem hohen dahin gehenden Risiko.

So sind z. B. Regelungen unwirksam, welche die Haftung auf sog. „Kardinals-
pflichten" (also wesentliche Vertragspflichten) begrenzen (Valder 2016)[107].Glei-
ches gilt für Regelungen, die sich auf vertragstypische, vorhersehbare Schäden
beziehen[108] oder eine summenmäßige Beschränkung vorsehen (z. B. in Höhe der
Versicherungssumme)[109].

Letztendlich hat der BGH mit Urteil vom 16.02.2017[110] entschieden, dass die
Regelung in einem Architektenvertrag als AGB

> Wird der Architekt wegen eines Schadens am Bauwerk auf Schadensersatz in Geld
> in Anspruch genommen, kann er vom Bauherrn verlangen, dass ihm die Beseitigung
> des Schadens übertragen wird.

wegen Verstoßes gegen § 307 Abs. 1 Satz 1 BGB unwirksam ist. Diese Rechtsprechung ist auf den Ingenieurvertrag zu übertragen.

Wenn man nun noch weiß, dass ein Haftungsausschluss für Vorsatz niemals
(§ 276 Abs. 3 BGB), einer für grobes Verschulden nicht und einer für leichte
Fahrlässigkeit in AGBs nur, sofern Leben, Körper, Gesundheit nicht betroffen
sind, vereinbart werden können, bleiben nicht viele Möglichkeiten, die Haftung
des Ingenieurs wirksam zu begrenzen.

---

[106]Z. B. § 307, § 308 Nr. 1 und 7, § 309 Nr. 4, 5, 7, 8 und 12 BGB.

[107]BGH, Urteil vom 12.01.1994, VIII ZR 165/92. Zu ggfls. möglichen engen Ausnahmen:
BGH, Beschluss vom 17.10.2013, I ZR 226/12; Valder, Hubert, Wertdeklaration als summenmäßige Haftungsbeschränkung, TranspR 2016, 430 ff.

[108]BGH, Urteil vom 20.07.2001,V ZR 170/00.

[109]BGH, Urteil vom 27.09.2000, VIII ZR 155/99.

[110]VII ZR 242/13.

- Der alleinige Fokus sollte daher nicht auf „der" Regelung zur Gewährleistung liegen. Es ist vielmehr zu versuchen, die Pflichten des Ingenieurs eindeutig und abschließend mit Formulierungen zum Vertragsgegenstand[111] und zum Leistungsumfang[112] zu beschreiben.

Eine Regelungsvariante könnte daher so aussehen:

> Die Gewährleistungsrechte des Auftraggebers richten sich nach den gesetzlichen Vorschriften.

> Die Verjährung der Mängelansprüche beginnt mit der (Teil-) Abnahme für jede (teil-) abgenommen Leistung zu laufen.[113]

4.17 Kündigung

Der Ingenieurvertrag kann vom Auftraggeber

- jederzeit (§ 648 BGB, sog. „freie" Kündigung) und
- außerordentlich bei Vorliegen eines wichtigen Grundes (§ 648 a BGB)

gekündigt werden. Der Ingenieur kann den Vertrag hingegen

- nur außerordentlich bei Vorliegen eines wichtigen Grundes (§ 648 a BGB)

kündigen.

4.17.1 Gründe für eine außerordentliche Kündigung

Im Hinblick darauf, dass auch die Baurechtsreform die außerordentliche Kündigung nur im Grundsatz und nur generalklauselartig in § 648 a BGB aufgenommen

---

[111]Vgl. oben Abschn. 4.5.

[112]Vgl. oben Abschn. 4.7.

[113]Die Regelung zum Verjährungsbeginn darf nicht den Eindruck erwecken, dass allein durch sie eine Teilabnahme vereinbart ist. Für die wirksame Vereinbarung von Teilabnahmen bedarf es einer ausdrücklichen gesonderten Regelung, z. B. wie unter Abschn. 4.13.3.

hat, ist es weiterhin zur Streitvermeidung sinnvoll, exemplarisch Gründe zu nennen, bei deren Vorliegen jedenfalls für beide oder eine Vertragspartei ein außerordentlich Kündigung möglich ist.

Jede Partei ist berechtigt, diesen Vertrag aus wichtigem Grund zu kündigen. Ein wichtiger Grund liegt insbesondere vor, wenn

- ...
- ...
- ...

[...]

Angesichts des mit einer außerordentlichen Kündigung erklärten Willens, nicht mehr mit der anderen Vertragspartei zusammen arbeiten zu wollen, macht es allein für den Auftraggeber Sinn zu überlegen, nicht zugleich in den Vertrag aufzunehmen:[114]

Sollte ein wichtiger Grund bei auftraggeberseitiger Kündigung nicht vorliegen, gilt die Kündigung jedenfalls als freie Kündigung nach § 648 BGB. Dies gilt nicht, sofern der Auftraggeber diese Wirkung im Kündigungsschreiben nicht ausdrücklich ausgeschlossen hat.

Anderenfalls besteht die Möglichkeit, dass das Gericht zu der Auffassung gelangt, der AG habe den Vertrag nur für den Fall kündigen wollen, dass ein außerordentlicher Kündigungsgrund vorliegt. Wird die außerordentliche Kündigung dann von dem Gericht für unwirksam gehalten, besteht der Ingenieurvertrag mangels (wirksamer) Kündigung fort. Diese Unsicherheit beseitigt der Regelungsvorschlag.

4.17.2 Schriftform der Kündigung

Der ebenfalls für den Ingenieurvertrag über § 650 q Abs. 1 BGB geltenden § 650 h BGB legt fest, dass die Kündigung immer schriftlich zu erfolgen hat. Die Kündigung muss folglich „von dem Aussteller eigenhändig durch Namensunterschrift oder mittels notariell beglaubigten Handzeichens unterzeichnet werden"

---

[114]Der Auftragnehmer hat diese Möglichkeit mangels eines freien Kündigungsrechts nach § 649 BGB nicht.

Honorarfolgen bei außerordentlicher Kündigung	
vom Auftraggeber nicht zu vertreten	vom Auftragnehmer zu vertreten
Kündigt der Auftraggeber aus einem von ihm nicht zu vertretenden wichtigem Grund, steht dem Auftragnehmer das Honorar für die bis zur Kündigung erbrachten und nachgewiesenen Leistungen zu. Als solche Gründe gelten z.b. die Aufgabe des Projekts wegen existenzgefährdenden Problemen bei der Vermarktung oder Finanzierung, Verkauf des Projekts an Dritte.	*Kündigt der Auftraggeber hingegen aus einem vom Auftragnehmer zu vertretenden wichtigem Grund, kann der Auftragnehmer nur Honorar für die bis dahin erbrachten, in sich abgeschlossen Leistungen verlangen, soweit sie für den Auftraggeber trotz der vorzeitigen Vertragsbeendigung von Nutzen sind. Sie müssen zudem mangelfrei und nachgewiesen sein.*

Abb. 4.4 Honorarfolgen der außerordentlichen Kündigung

(§ 126 BGB). Dies bedeutet vor allem, dass eine Kündigung allein per Telefax oder per E-Mail[115] nicht ausreichend ist!

Eine explizite Regelung im Ingenieurvertrag, dass die Kündigung schriftlich zu erfolgen hat, bedarf es daher nicht mehr.

4.17.3 Folgen der Kündigung

Streitbefangen ist neben dem Vorliegen des zur außerordentlichen Kündigung berechtigenden Grundes auch das noch an den Ingenieur zu bezahlende Honorar. Daher sind Regelungen hierzu im Vertrag ebenso angeraten, wie solche zur weiteren Abwicklung.

Sinnvoll ist z. B. bei einer außerordentlichen Kündigung hinsichtlich des Honorars die Differenzierung danach, wer den wichtigen Grund zu vertreten hat. Dies veranschaulicht Abb. 4.4.

Problematischer ist die Gestaltung einer wirksamen und den Interessen der Vertragsparteien gerecht werdenden Formulierung der Honorarfolgen im Fall der freien Kündigung durch den Auftraggeber nach § 648 BGB. Hintergrund ist, dass

---

[115]Im besonderen Fall der sog. „elektronischen Signatur" gilt ggf. etwas anderes. Dies sollte aber zwingend vor Erklärung der Kündigung anwaltlich geprüft werden. Anderenfalls drohen dem Kündigenden erhebliche Rechtsnachteile.

die Rechtsprechung für die Abrechnung des Architektenhonorars nach freier Kündigung verlangt, dass die ersparten Aufwendungen anhand des konkreten Vertrages zu berechnen sind. Regelungen, welche die ersparten Aufwendungen mit einem Prozentsatz des betreffenden Honorars (im Fall: 40 %) ansetzten, sind in AGBs unwirksam.[116]

Denkbar – aber auch nicht alle Unwirksamkeitsbedenken ausräumend – ist es hingegen mit dem OLG Düsseldorf auf die als wirksam eingestufte Regelung in § 9 des damaligen Einheits-Architektenvertrages der Bundesarchitektenkammer abzustellen.[117] Anhand dieser vormaligen Regelung wäre folgende Formulierung denkbar:

> Bei freier Kündigung durch den Auftraggeber steht dem Auftragnehmer das vereinbarte Honorar für die ihm beauftragten Leistungen zu. Sofern der Auftraggeber im Einzelfall keinen höheren Anteil an ersparten Aufwendungen nachweist, ist dieser mit […] % des Honorars für die vom Auftragnehmer noch nicht erbrachten Leistungen vereinbart. Erhält der Auftragnehmer einen Ersatzauftrag oder unterlässt dessen Annahme böswillig, ist dessen Honorar vom nach Satz 2 ermittelten Honorar abzuziehen.

Folgende weitere Abwicklungsregelungen sind möglich:

> Bei jeder Kündigung hat der Auftragnehmer seine Leistungen ordnungsgemäß zum Kündigungszeitpunkt abzuschließen, diese so zu ordnen und an den Auftraggeber in einer solchen Form herauszugeben (z. B. in digitaler Form), dass die Übernahme und Fortführung des Projekts durch ihn oder einen Dritten unproblematisch möglich ist.

Auch angesichts der neuen Regelung zur Leistungsstandfeststellung in § 648 a Abs. 4 BGB zur außerordentlichen Kündigung

> Nach der Kündigung kann jede Vertragspartei von der anderen verlangen, dass sie an einer gemeinsamen Feststellung des Leistungsstandes mitwirkt. Verweigert eine Vertragspartei die Mitwirkung oder bleibt sie einem vereinbarten oder einem von der anderen Vertragspartei innerhalb einer angemessenen Frist bestimmten Termin zur Leistungsstandfeststellung fern, trifft sie die Beweislast für den Leistungsstand zum Zeitpunkt der Kündigung. Dies gilt nicht, wenn die Vertragspartei infolge eines Umstands fernbleibt, den sie nicht zu vertreten hat und den sie der anderen Vertragspartei unverzüglich mitgeteilt hat.

---

[116]BGH, Urteil vom 10.10.1996,VII ZR 250/94.
[117]Urteil vom 15.11.2002, 23 U 182/01.

Dürfte es sinnvoll sein, folgendes in den Ingenieurvertrag klarstellend aufzunehmen:

> Die Parteien haben unverzüglich nach jeder Kündigung den Leistungsstand der
> Leistungen des Auftragnehmers gemeinsam nach § 648 a Abs. 4 BGB festzustellen
> und z. B. durch Fotos, Filme, Einzeichnungen in Plänen, Aktenvermerke zu doku-
> mentieren sowie entsprechend den vertraglichen Regelungen abzunehmen.

Die Kündigung macht die Abnahme nicht entbehrlich; es bedarf ihr weiterhin.[118] Die Aufnahme der Abnahmepflicht in die Klausel ist daher zwar rein
deklaratorisch. Dass die Abnahme jedoch auch im Fall der Kündigung notwendig
ist, ist in der Praxis vielfach unbekannt.

4.17.4 Checkliste Kündigungsregelung

Folgende Punkte sollte jede Kündigungsregelung enthalten:

- Festlegung der wichtigen Gründe für eine außerordentliche Kündigung, begin-
  nend mit dem Wort „insbesondere: ….“
- Folgen der
  – Außerordentlichen Kündigung
  – Freien Kündigung nach § 648 BGB
- Regelungen zur Weiterführung/Übernahme der Arbeiten
- Feststellung des Leistungsstandes zum Kündigungszeitpunkt

4.18   Urheber – und Verwertungsrechte

Sensibel zu verhandeln sind regelmäßig die Regelungen zu den Urheber- und Ver-
wertungsrechten an den Planungsleistungen. Dabei ist jedoch zu bedenken, dass
ein Schutz nach dem Urheberrecht nicht per se besteht, sondern verlangt, dass die
Planungsleistungen „sich von der Masse des durchschnittlichen, üblichen und all-
täglichen Bauschaffens abhebt und nicht nur das Ergebnis eines rein handwerk-
lichen oder routinemäßigen Schaffens darstellt.“[119] Bereits dies zeigt, dass ein

---

[118]BGH, Beschluss vom 10.03.2009, VII ZR 164/06.
[119]BGH, Urteil vom 19.03.2008, I ZR 166/05.

Urheberrecht nur bei anspruchsvollen Projekten diskutiert werden kann, was aber nicht bedeutet, dass ein Urheberrecht nicht auch bei Einfamilienhäusern[120], einer Fassadengestaltung[121] oder bei Bauwerksteilen und deren Zusammenstellung (z. B. Betonstrukturplatten[122]) bestehen kann.

Möglich ist daher folgende Regelung:

Sofern die Leistungen des Auftragnehmers dem Schutz des Urheberrechts unterfallen, bleiben seine Rechte aus dem Urheberrecht durch diesen Vertrag unberührt.

Der Auftragnehmer erklärt, dass ihm Rechte Dritter an den von ihm vertraglich zu erbringenden Leistungen weder bekannt sind, noch bestehen. Der Auftragnehmer stellt den Auftraggeber von etwaigen Ansprüchen Dritter aus Urheberechten, welche hinsichtlich der vom Auftragnehmer zu erbringenden Leistung geltend gemacht frei, soweit diese Urheberrechte rechtskräftig zulasten des Auftraggebers festgestellt sind.

Eine andere, vertraglich zu klärende Frage ist, wie der Auftraggeber mit den vom Auftragnehmer erbrachten Planungsleistungen umgehen, sie insbesondere nutzen, verwerten oder ändern darf. Letztendlich bezahlt er für das Projekt, sodass man derartigen Anliegen wohl nachkommen wird. Allerdings sieht § 3 Abs. 6 Nr. 1 VOB/B für Bauleistungen vor, dass dem Auftraggeber grundsätzlich kein Verwertungsrecht zukommt. Dass der Ingenieur also dem Verlangen nach einer vollständigen Übertragung der Nutzungs- und Verwertungsrechte selbstredend zustimmt, ist nicht zwangsläufig.

Als Mittelweg bietet sich z. B. folgende Regelung an:

Dem Auftraggeber stehen die Nutzungs-, Verwertungs- und Änderungsrechte an den vom Auftragnehmer gefertigten Planungen, Unterlagen etc. zu. Der Auftraggeber ist unter vollständiger Wahrung eines etwaigen Urheberrechtsschutzes des Auftragnehmers befugt, diese Planungen und Unterlagen unter Ausschluss des Auftragnehmers zu nutzen, zu verwerten und zu ändern; dies gilt entsprechend für das Bauwerk als solches.

Eine Übertragung der Nutzungs-, Verwertungs- und Änderungsrechte auf Dritte ist nur mit schriftlicher Zustimmung des Auftragnehmers zulässig. Die Zustimmung ist zu erteilen, sofern das Zustimmungsverlangen des Aufraggebers für eine erfolgreiche Realisierung des Projekts erforderlich ist (z. B. im Verkaufsfall, Kündigung

---

[120]OLG Hamm, Urteil vom 20.04.1999, 4 U 72/97.
[121]BGH, Urteil vom 18.05.1973, I ZR 119/73.
[122]OLG München, Urteil vom 28.02.1974, 6 U 2654/73.

dieses Vertrages) und kein wichtiger Grund des Auftragnehmers entgegensteht (z. B. kein Konkurrenzschutz).

Der Auftraggeber darf die Planungen, Unterlagen etc. veröffentlichen, sofern er hierbei in ausreichend erkennbarer Form den Namen des Auftragnehmers benennt und der Auftragnehmer der Veröffentlichung zustimmt.

▷ **Tipp** Ein mit Vorsicht zu gebrauchendes Argument zur Verhandlung von Nutzungs-, Verwertungs- und Änderungsrechten ist, dass man diese nach § 32 Urheberrechtsgesetz nur gegen eine angemessene Vergütung zu übertragen habe. Dem Ingenieur steht grundsätzlich über das nach der HOAI zu entrichtende Honorar hierfür keine weitere Vergütung zu.[123]

4.19 Schlussbestimmungen

Letztendlich bilden den formalen – nicht rechtlichen – Abschluss des Vertragstextes die Schlussbestimmungen. Hier finden sich üblicherweise die sog. Salvatorische Klausel, eine Schriftform- und Klausel zum Gerichtsstand. Bei internationalen oder grenzüberschreitenden Projekten kommt eine Rechtswahlklausel hinzu.

In der Überschrift ist es aus Gründen der Transparenz angezeigt, wie folgt zu formulieren:

§ XX   Salvatorische, Schriftform-, Rechtswahl- und Gerichtsstandklausel

Folgende Regelungen kommen zu diesen Themen in Betracht:

Erweist sich eine Bestimmung dieses Vertrages als unwirksam, so bleiben die übrigen Bestimmungen wirksam. Anstelle der unwirksamen Regelung gilt die Bestimmung als vereinbart, die dem Sinn und Zweck der weggefallenen Bestimmung in zulässiger Weise am nächsten kommt.

Auch wenn die Aufnahme einer solchen salvatorische Klausel üblich und zur Gewissensberuhigung beitragen kann, ist vor allzu unreflektierter Aufnahme

---

[123]BGH, Urteil vom 20.03.1975, VII ZR 91/74 allerdings für den Fall, dass der Architektenvertrag nach der Durchführung der Grundlagenermittlung, Vor-, Entwurfs- und ggfls. der Genehmigungsplanung vom Auftraggeber gekündigt wurde.

insbesondere in einem Individualvertrag zu warnen. Es kann je nach Art des Vertrags und seiner Regelungen Sinn machen, eine Gesamtunwirksamkeit geltend zu machen. In AGBs kann eine salvatorische Klausel indes ohnehin nicht wirksam vereinbart werden.[124]

Schriftformklauseln sollten als sog. doppelte Schriftformklausel ausgestaltet sein, um mehr Rechtssicherheit zu bieten, z. B.:

> Alle Änderungen oder Ergänzungen dieses Vertrages bedürfen der Schriftform. Dies gilt auch für die Änderung dieses Schriftformerfordernisses selbst.

Eine übliche Gerichtsstandsklausel sieht so aus:

> Für alle Streitigkeiten aus diesem Vertrag ist im kaufmännischen Verkehr, soweit nicht gesetzlich zwingend etwas anderes bestimmt ist, der Gerichtsstand […].

Sinnvoll ist es, den Ort des Bauvorhabens als Gerichtsstand zu wählen.

4.20 Die Unterschrift

Da der Ingenieur keiner gesetzlichen Form unterfällt, muss er nicht zwingend unterschrieben werden. Die Vorgabe des § 126 BGB, wonach es einer eigenhändigen Unterschrift bedarf, gilt nicht. Eine Unterschrift ist dennoch empfehlenswert: Sie schließt den Vertrag ab und bringt zum Ausdruck, dass sich die Parteien über die vorherigen Regelungen geeinigt, sie verbindlich vereinbart haben. Die Unterschrift sollte sich daher auch unter dem Text befinden.[125]

4.20.1 Angebot und Annahme

Man sollte sich aber nicht täuschen lassen, dass die Unterschrift beider Parteien den „Abschluss" des Ingenieursvertrages darstellt. Dies ist der Regelfall, da ein rechtswirksamer Vertragsabschluss

- zwei (Willens-) Erklärungen

---

[124]Z. B. BGH, Urteil vom. 22.11.2001, VII ZR 208/00.

[125]So genügt der (gesetzlichen) Form z. B. keine Oberschrift. Ebenso wenig reichen seitlich neben dem Text stehende Unterschriften (BGH, Urteil vom 05.12.1991, IX ZR 270/90).

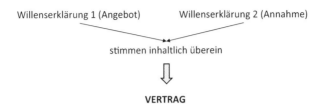

Abb. 4.5 Vertragsabschluss

bedarf, die zudem noch

- übereinstimmen

müssen. Das BGB spricht hier von Angebot (§ 145 BGB) und Annahme (§ 147 BGB). Die Unterschrift des Auftraggebers stellt in der Regel das Angebot und die des Ingenieurs die Annahme dar. Veranschaulicht wird dies durch Abb. 4.5.

4.20.2 Vertragsabschluss oder Akquise?

Im Bereich des Ingenieurrechts sind Störungen des Ablaufs des Vertragsabschlusses ebenso denkbar, wie im Architektenrecht. Sie sind oft Gegenstand von Gerichtsurteilen und bekannt u. a. unter dem Schlagwort „kostenlose Akquise".

Der zuvor geschilderte Ausgangsfall unter Ziffer 4 spricht dieses Problem an:

Nachdem A dem U sein Angebot – was deutlich über den Mindestsätzen liegt und eine „Honorarberechnung auf Grundlage der §§ 53 ff. HOAI" enthält – übergeben hat, bittet U am 30.06.2018 darum, dass A „loslegen" soll, da die Zeit drängt. Bis Ende Dezember 2019 müsse die neue Fabrik vollständig in Betrieb sein. A fängt mit den Planungen an.

Unabhängig, ob später ein schriftlicher Vertrag abgeschlossen wird, stellt sich die Frage, ob die Aufforderung des U „los zu legen" das Angebot an A ist, mit ihm einen Ingenieurvertrag abzuschließen. Selbst wenn dies so wäre, wo ist die Annahme dieses Angebots durch A? Mündlich oder schriftlich hat er sich nicht

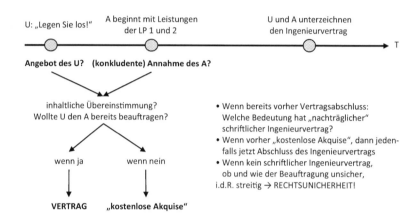

Abb. 4.6 Kostenlose Akquise

geäußert. Sein tatsächliches Loslegen könnte die Annahme darstellen – dieses Verhalten könnte so verstanden werden.[126] Abb. 4.6 verdeutlicht die Problematik.

Im Bereich des Ingenieurrechts kann es ebenfalls streitig sein, ob und wenn ja, wann die Beauftragung des Ingenieurs erfolgt ist. Dem Auftraggeber geht es regelmäßig darum, eine erste technische Einschätzung zu bekommen. Der Ingenieur beantwortet derartige Fragen ebenso gerne – mitunter unter Erstellung und Aushändigung von Berechnungen, Skizzen etc. –, allerdings in der Hoffnung, den späteren Planungsauftrag zu erhalten.

Rechtlich stellt sich in solchen und ähnlich gelagerten Fällen die Frage,

- ob bereits ein Ingenieurvertrag durch schlüssiges Verhalten (=konkludent) zustande gekommen ist
- oder es sich um reine Akquisition handelt, die nicht zu vergüten ist.

Entscheidend für die Antwort ist, ob beiderseitig ein rechtsgeschäftlicher Bindungswille in irgendeiner Form und im Ergebnis eindeutig zum Ausdruck gekommen

---

[126]Konkludentes Verhalten: aus den Handlungen des A lässt sich – ggfls. – seine Erklärung ableiten, das Angebot des U angenommen zu haben. Wenn dem so wäre, liegt ein sog. konkludenter Vertragsabschluss vor.

ist. Ist dies der Fall, liegt eine Beauftragung vor; verbleiben bereits Restzweifel, wird man davon bereits nicht ausgehen können (Locher/Koeble/Frik, 2014, Einl., Rz. 479). Auch aus dem bloßen Tätigwerden des Ingenieurs kann man den Abschluss des Ingenieurvertrages regelmäßig nicht herleiten.[127]

Allerdings sprechen folgende Äußerungen des Auftraggebers für den Abschluss eines Architektenvertrages Architekten- oder Ingenieurvertrages: „Wir möchten nun mit Euch zusammen das Vorhaben planen und sind jetzt soweit"[128] oder „Legen Sie los! Fangen Sie an"[129].

▷ **Tipp** Der Ingenieur muss frühzeitig darauf achten, eindeutige Erklärungen seines Auftraggebers zu erhalten, die den Abschluss des Ingenieurvertrages hinreichend deutlich zum Ausdruck bringen, z. B. in Form der Unterschrift unter dem Vertrag.

Ist sich v. a. der Ingenieur unsicher, kann er seinem (künftigen) Auftraggeber schriftlich mitteilen, wann die Akquise-Grenze erreicht ist oder sollte von den Möglichkeiten des neuen Sonderkündigungsrechts in § 650 p Abs. 2 i. V. m. § 650 r BGB Gebrauch machen.

4.20.3 Auswirkungen der Baurechtsreform

Mit der Regelungen in § 650 p Abs. 2 BGB bezweckt der Gesetzgeber einer zu weit gehenden Ausdehnung der entgeltlichen Akquise entgegenwirken. So kann zum Zeitpunkt der Ermittlung von Planungs- und Überwachungszielen/grundlegenden Konzeption des Bauvorhabens nach $ 650 q Abs. 2 BGB durchaus bereits ein Ingenieurvertrag vorliegen (Deutscher Bundestag 2016, 67).

Diese gesetzgeberischen Wertungen sollten den Ingenieur indes nicht dazu verleiten, den vorherigen Ausführungen weniger Bedeutung beizumessen.

---

[127]OLG Hamburg, Urteil vom 10.02.2010, 14 U 138/09.

[128]18 O 11716/15, Hinweisbeschluss vom 27.04.2016.

[129]OLG München, Beschluss vom 18.11.2013, 27 U 743/13.

4.21   Das Anlagenverzeichnis

Am Ende sollte sich zudem ein Verzeichnis der Anlagen mit ihrer

* genauen Bezeichnung

und ihrer

* Datierung

befinden. Die Anlagen sind durchzunummerieren und z. B. zu bezeichnen mit:

> Anlage [...] zum Ingenieurvertrag vom [tt.mm.jjjj]

So wird sichergestellt, welche Anlagen dem Vertrag beilagen und dessen Grundlage bilden. Unterbleibt dies, ist es nachträglich vielfach schwer zu rekonstruieren, welche Unterlagen dem Vertrag in welcher Fassung beilagen.

Was Sie aus diesem *essential* mitnehmen können

- Dass die Grundlagen des Ingenieurvertrags kein „Hexenwerk" und durchaus beherrschbar sind,
- dass eine erste eigene Einschätzung von Ingenieurverträge bei Kenntnis der rechtlichen Grundlagen möglich ist; zumindest um einen ersten Eindruck zu bekommen und entscheiden zu können, ob die Einschaltung eines Rechtsanwalts ratsam ist.
- Praxistaugliche Formulierungsbeispiele für die gängigsten regelungsbedürftigsten Punkte eines Ingenieurvertrages.
- Einen detaillierten Einblick in die Neuerungen des Ingenieurrechts durch die BGB-Baurechtsreform.
- Einen praxisnahen Überblick über die aktuelle und höchstrichterliche Rechtsprechung im Bereich des Ingenieurrechts.

© Springer Fachmedien Wiesbaden GmbH, ein Teil von Springer Nature 2018
H. Hunold, *Der Ingenieurvertrag,* essentials,
https://doi.org/10.1007/978-3-658-22702-9

Literatur

Dammert, B., Lenkeit, O., Oberhauser, I., Pause, H.-E. & Stretz, A. (2017): *Das neue Bauvertragsrecht*, München: C. H. Beck.

Deutscher Bundestag (2016): *Bundestags-Drucksache 18/8486* vom 18.05.2016, [online] https://www.bmjv.de/SharedDocs/Gesetzgebungsverfahren/Dokumente/RegE_Bauvertragsrecht.pdf?__blob=publicationFile&v=3, zuletzt abgerufen 14.05.2018.

Eich, A. & Eich, R. (2017): *Ingenieurvertragshandbuch Technische Ausrüstung*, 3. Aufl., Berlin: Bundesanzeiger.

Eschenbruch, K. & Leupertz, S. (2016): *BIM und Recht*, München: C. H. Beck.

Eschenbruch, K. (2017a): *Vertragsgestaltung, Leistungsbeschreibung und Auslegung*, *BauR*, 283.

Eschenbruch, K. (2017b): *Bauvertragsmanagement*, 1. Aufl., Neuwied : Werner.

Fuchs, H. (2015a): Regelungen des Architekten- und Ingenieurvertrages, *NZBau*, 676.

Fuchs, H. (2015b): Welcher Beurteilungsspielraum gilt bei einer Honorarzonenvereinbarung?, *IBR*, 552.

Kniffka, R. & Koeble, W. (2014): *Kompendium des Baurechts*, 4. Aufl., München: C. H. Beck.

Kniffka, R. (2017a): *ibr-online-Kommentar Bauvertragsrecht*, Stand 12.12.2017, [online] https://www.ibr-online.de/IBRKommentare/index.php?zg=0&Textnr=19, zuletzt abgerufen 14.05.2018.

Kniffka, R. (2017b): Thema: VI. Untertitel 2 Architekten- und Ingenieurvertrag – Das neue Recht nach dem Gesetz zur Reform des Bauvertragsrechts, zur Änderung der kaufrechtlichen Mängelhaftung und zur Stärkung des zivilprozessualen Rechtsschutzes (BauVG), *BauR*, 1846.

Kraushaar, M. & Zimmermann, E. (2017): *Kommentar zum neuen Architektenvertragsrecht*, Köln: Rudolf Müller.

Langenfeld, G. (2004): *Vertragsgestaltung, Methode Verfahren Vertragstypen*, 3. Aufl., München: C. H. Beck.

Lederer, M. & Heymann, K. (2011): *HOAI – Honorarmanagement bei Architekten- und Ingenieurverträgen*, 3. Aufl., München: C. H. Beck.

Locher, U., Koeble, W. & Frik, W. (2017): *Kommentar zur HOAI*, 13. Aufl., München: C. H. Beck.

Markus, J., Kaiser, S. & Kapellmann, S. (2014): *AGB-Handbuch Bauvertragsklauseln*, 4. Aufl., München: C. H. Beck.

© Springer Fachmedien Wiesbaden GmbH, ein Teil von Springer Nature 2018   79
H. Hunold, *Der Ingenieurvertrag*, essentials,
https://doi.org/10.1007/978-3-658-22702-9

Motzke, G. (1994): Planungsänderungen und ihre Auswirkungen auf die Honorierung, *BauR*, 573.

Valder, H. (2016): Wertdeklaration als summenmäßige Haftungsbeschränkung, *TranspR*, 430.

Vogel, O. (2009): Einige ungeklärte Fragen zur EnEV, *BauR*, 1196.

Werner, U. & Wagner, K. (2014): Die Schriftformklauseln in der neuen HOAI 2013, *BauR*, 1386.

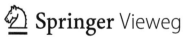

Printed in the United States
By Bookmasters